目 录

目 录

● 星空的起源——宇宙大爆炸

千百年来，人们仰望星空，漆黑天幕上那些一闪一闪的精灵，让人们好奇，也带给了人们无数的遐想。随着科技的发展，我们对它们的了解正在逐步加深，但这些仅仅是冰山的一角，那些神秘莫测的天体，吸引着人们的目光，让无数人不惜投注自己毕生的心血去探索和寻找，这种探索和寻找是无止境而充满乐趣的，因为我们探寻的是人类的过去，寻找的是人类的未来。

随着宇宙大爆炸理论的提出，越来越多的人相信我们所在的这个浩瀚无垠的宇宙来自一次无与伦比的爆炸，宇宙中的一切都来自于那次的"开天辟地"。

7

什么是宇宙大爆炸 ＞

宇宙大爆炸，简称大爆炸（Big Bang），是描述宇宙诞生初始条件及其后续演化的宇宙学模型，这一模型得到了当今科学研究和观测最广泛且最精确的支持。宇宙学家通常所指的大爆炸观点为：宇宙是在过去有限的时间之前，由一个密度极大且温度极高的太初状态演变而来的（根据2010年所得到的最佳的观测结果，这些初始状态大约存在发生于300亿至230亿年前），并经过不断的膨胀与繁衍到达今天的状态。

比利时牧师、物理学家乔治·勒梅特首先提出了关于宇宙起源的大爆炸理论，但他本人将其称作"原生原子的假说"。这一模型的框架基于爱因斯坦的广义相对论，并在场方程的求解上作出了一定的简化（例如空间的均一和各向同性）。描述这一模型的场方程由前苏联物理学家亚历山大·弗里德曼于1922年将广义相对论应用在流体上给出。1929年，美国物理学家埃德温·哈勃通过观测发现从地球到达遥远星系的距离正比于这些星系的

红移，这一宇宙膨胀的观点也在1927年被勒梅特在理论上通过求解弗里德曼方程而提出，这个解后来被称作弗里德曼–勒梅特–罗伯逊–沃尔克度规。哈勃的观测表明，所有遥远的星系和星团在视线速度上都在远离我们这一观察点，并且距离越远退行视速度越大。如果当前星系和星团间彼此的距离在不断增大，则说明它们在过去的距离曾经很近。从这一观点物理学家进一步推测：在过去宇宙曾经处于一个极高密度且极高温度的状态，在类似条件下大型粒子加速器上所进行的实验结果则有力地支持了这一理论。然而，由于当前技术原因粒子加速器所能达到的高能范围还十分有限，因而到目前为止，还没有证据能够直接或间接描述膨胀初始的极短时间内的宇宙状态。从而，大爆炸理论还无法对宇宙的初始状态作出任何描述和解释，事实上它所能描述并解释的是初始状态之后宇宙的演化图景。当前所观测到的宇宙中轻元素的丰度，和理论所预言的宇宙早期快速膨胀并冷却过程中最初的几分钟内，通过核反应所形成的这些元素的理论丰度值非常接近，定性并定量描述宇宙早期形成的轻元素的丰度的理论被称

作太初核合成。

　　大爆炸一词首先是由英国天文学家弗雷德·霍伊尔所采用的。霍伊尔是与大爆炸对立的宇宙学模型——稳恒态理论的倡导者，他在1949年3月BBC的一次广播节目中将勒梅特等人的理论称作"这个大爆炸的观点"。虽然有很多通俗轶事记录霍伊尔这样讲是出于讽刺，但霍伊尔本人明确否认了这一点，他声称这只是为了着重说明这两个模型的显著不同之处。霍伊尔后来为恒星核合成的研究作出了重要贡献，这是恒星内部通过核反应从轻元素制造出某些重元素的途径。1964年宇宙微波背景辐射的发现是支持大爆炸确实曾经发生的重要证据，特别是当测得其频谱从而绘制出它的黑体辐射曲线之后，大多数科学家开始相信大爆炸理论了。

弗雷德·霍伊尔

〉 什么是天体

　　天体是指宇宙空间的物质形体，它是对宇宙空间物质的真实存在而言的，也是各种星体和星际物质的通称。人类发射并在太空中运行的人造卫星、宇宙飞船、空间实验室、月球探测器、行星探测器、行星际探测器等则被称为人造天体。通常不把行星际、星际和星系际的弥漫物质以及各种微粒辐射流等称为天体。

● 星的岛屿——星系

星系，是宇宙中庞大的星星的"岛屿"，它也是宇宙中最大、最美丽的天体系统之一。到目前为止，人们已在宇宙观测到了约1000亿个星系。它们中有的离我们较近，可以清楚地观测到它们的结构；有的非常遥远，目前所知最远的星系离我们有将近150亿光年。

星系的形成和演化 ＞

星系一词源自于希腊文中的galaxias，参考我们的银河系，是一个包含恒星、气体的星际物质、宇宙尘和暗物质，并且受到重力束缚的大质量系统。典型的星系，从只有数千万颗恒星的矮星系到上兆颗恒星的椭圆星系都有，全都环绕着质量中心运转。除了单独的恒星和稀薄的星际物质之外，大部分的星系都有数量庞大的多星系统、星团以及各种不同的星云。

星系之形成和演化向来众说纷纭，有些已经被广泛接受，但仍然有不少人质疑。星系的形成包含了两方面，一是上下理论，二是下上理论。上下理论是指：星系是在一次宇宙大爆炸中形成的，发生在数亿年前。另一个学说则是指：星系乃由宇宙中旳微尘所形成。原本宇宙有大量的球状星团，后来这些星体相互碰撞而毁灭，剩下微尘。这些微尘经过组合，而形成星系。

虽然在今时今日，关于星系形成的学问有不少人质疑，但大抵在星系形成研究方面，随着研究的深入，已伸展至星系演化方面。在天文物理学中，有关星系形成和演化的问题有：在一个均质的宇

度急剧放大，从而形成了一些"沟"，星系团就是沿着这些"沟"形成的。哈勃太空望远镜拍摄的遥远的年轻星系照片，其中包含有正在形成中的星系团（原星系）——18个正在形成中的星系团的单独照片。每个星团距地球约110亿光年。著名的"哈勃深空"照片，展示了1000多个在宇宙形成后不到10亿年内形成的年轻星系。

在宇宙诞生后的第一秒钟，随着宇宙的持续膨胀冷却，在能量较为"稠密"的区域，大量质子、中子和电子从背景能量中凝聚出来。100秒后，质子和中子开始结合成氦原子核。在不到两分钟的时间内，构成自然界的所有原子的成分就都产生出来了。大约再经过30万年，宇宙就已冷却到氢原子核和氦原子核足以俘获电子而形成原子了。这些原子在引力作用下缓慢地聚集成巨大的纤维状的云。不久，星系就在其中形成了。大爆炸发生过后10亿年，氢云和氦云开始在引力作用下集结成团。随着云团的成长，初生的星系即原星系开始形成。那时的宇宙较小，各个原星系之间靠得比较近，因此相互作用很强。于是，在较稀薄较大的云中凝聚出一些较小的云，而其余部分则被邻近

宙中，我们是否居住在一个独特而与众不同的场所？星系是如何形成的？星系是如何随着时间改变的？

按照宇宙大爆炸理论，第一代星系大概形成于大爆炸发生后10亿年。在宇宙诞生的最初瞬间，有一次原始能量的爆发。随着宇宙的膨胀和冷却，引力开始发挥作用，然后，幼年宇宙进入一个称为"暴涨"的短暂阶段。原始能量分布中的微小涨落随着宇宙的暴涨也从微观尺

的云吞并。

　　同时，原星系由于氢和氦的不断落入而逐渐增大。原星系的质量变得越大，它们吸引的气体也就越多。一个个云团各自的运动加上它们之间的相互作用，最终使得原星系开始缓慢自转。这些云团在引力的作用下进一步坍缩，一些自转较快的云团形成了盘状；其余的大致成为椭球形。这些原始的星系在获得了足够的物质后，便在其中开始形成恒星。这时的宇宙面貌与今天的便已经差不多了。星系成群地聚集在一起，就像我们地球上海洋中的群岛一样镶嵌在宇宙空间浩瀚的气体云中，这样的星系团和星系际气体伸展成纤维状的结构，长度可以达到数亿光年。如此大尺度的星系的群集在广阔的空间呈现为球形。

星系的特征 〉

在可以看见的可观测宇宙中，星系的总数可能超过1000亿个。大部分的星系直径介于1000~100 000秒差距，彼此间相距的距离则是百万秒差距的数量级。星系际空间（存在于星系之间的空间）充满了极稀薄的电浆，平均密度小于每立方米1个原子。多数的星系会组织成更大的集团，成为星系群或团，它们又聚集成更大的超星系团。这些更大的集团通常被称为薄片或纤维，围绕在宇宙中巨大的空洞周围。

非常少数的星系是单独存在的，这些通常都被认为是视场星系。许多星系和一定数量的星系之间有重力的束缚。包含有50个左右星系的集团叫作星系群，更大的包含数千个星系，横跨数百万秒差距空间的叫作星系集团。星系集团通常由一个巨大的椭圆星系统治着，它的潮汐力会摧毁邻近的卫星星系，并将质量加入星系中。超星系集团是巨大的集合体，拥有数万个星系，其中有星系群、星系集团和一些孤单的星系；在超星系集团尺度，星系会排列成薄片状和

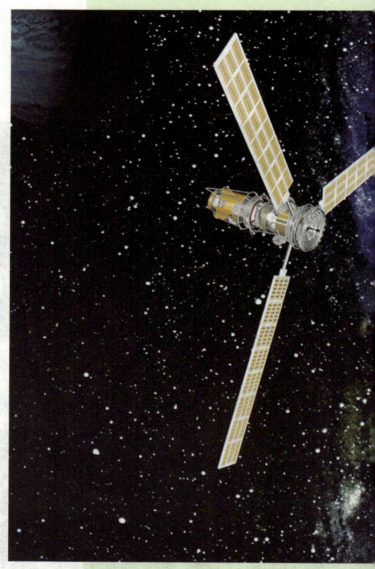

TING XING XING CHANG GE

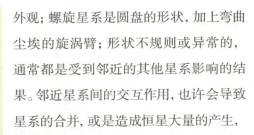

细丝状，环绕着巨大的空洞。在上述的尺度中，宇宙呈现出各向同性和均质。

　　历史上，星系是依据它们的形状分类的（通常指它们视觉上的形状）。最普通的是椭圆星系，有着椭圆形状的明亮

外观；螺旋星系是圆盘的形状，加上弯曲尘埃的旋涡臂；形状不规则或异常的，通常都是受到邻近的其他星系影响的结果。邻近星系间的交互作用，也许会导致星系的合并，或是造成恒星大量的产生，成为所谓的星爆星系。缺乏有条理结构的小星系则会被称为不规则星系。

　　星系大小差异很大。椭圆星系直径在3300光年到49万光年之间；旋涡星系直径在1.6万光年到16万光年之间；不规则星系直径大约在6500光年到2.9万光年之间。

　　星系内部的恒星在运动，而星系本身也在自转，整个星系也在空间运动。传统上，天文学家认为星系的自转，顺时针方向和逆时针方向的比率是相同的。但是根据一个星系分类的分布式参与项目Galaxyzoo的观察结果，逆时针旋转的星系更多一些。

听星星唱歌

银河系 〉

　　在没有灯光干扰的晴朗夜晚，如果天空足够黑，你可以看到在天空中有一条弥漫的光带。这条光带就是我们置身其内而侧视银河系时所看到的它布满恒星的圆面——银盘。银河系内有2000多亿颗恒星，只是由于距离太远而无法用肉眼辨认出来。由于星光与星际尘埃气体混合在一起，因此看起来就像一条烟雾笼罩着的光带。

　　银河系的中心位于人马座附近。银河系是一个中型恒星系，它的银盘直径约为12万光年。它的银盘内含有大量的星际尘埃和气体云，聚集成了颜色偏红的恒星形成区域，从而不断地给星系的旋臂补充炽热的年轻蓝星，组成了许多疏散星团或称银河星团。已知的这类疏散星团有1200多个。银盘四周包围着很大的银晕，银晕中散布着恒星和主要由老年恒星组成的球状星团。

　　从我们所处的角度很难确切地知道银河系的形状。但随着近代科技的发展和探测手段的进步，在某种程度上克服了这些障碍，揭示出银河系具有的某些出人意料的特征。长期以来人们一直以为银河系是一个典型的旋涡星系，与仙女座星系类似。但最近的观测发现，它的

TING XING XING CHANG GE

中央核球稍带棒形。这意味着银河系很可能是一种棒旋星系。另外，银河系是一个比较活跃的星系，银核有强烈的宇宙射线辐射，在那里恒星以高速围绕着一个不可见的中心旋转。这表明在银河系的核心有一个超大质量的黑洞。

银河系有两个较矮小的邻居——大麦哲伦云和小麦哲伦云，它们都属于不规则星系。由于引力的作用，银河系在不断地从这两个小星系中吸取尘埃和气体，使这两个邻居中的物质越来越少。预计在100亿年里，银河系将会吞没这两个星系中的所有物质，这两个近邻将不复存在。

河外星系 〉

河外星系是与银河系类似的天体系统，距离都超出了银河系的范围，因此称它们为"河外星系"。仙女座星系就是位于仙女座的一个河外星系。河外星系与银河系一样，也是由大量的恒星、星团、星云和星际物质组成。目前我们观测到的河外星系有100亿个之多。

20世纪20年代，美国天文学家哈勃在仙女座大星云中发现了一种叫作"造父变星"的天体，从而计算出星云的距离，终于肯定它是银河系以外的天体系统，称它们为"河外星系"。之所以称之为河外星系，是因为它们全部存在于银河系之外，即银河系之外的所有天体系统被称为河外星系。银河系与河外星系即组成了天文学对于天体的最高称呼——总星系。银河系也只是总星系中的一个普通星系。人类估计河外星系包含的天体及天体系统总数在千亿个以上，它们如同辽阔海洋中星罗棋布的岛屿，故也被称为

"宇宙岛"。

关于河外星系的发现过程可以追溯到200多年前。在当时法国天文学家梅西耶为星云编制的星表中，编号为M31的星云在天文学史上有着重要的地位。初冬的夜晚，熟悉星空的人可以在仙女座内用肉眼找到它——一个模糊的斑点，俗称仙女座大星云。从1885年起，人们就在仙女座大星云里陆陆续续地发现了许多新星，从而推断出仙女座星云不是一团通常的、被动地反射光线的尘埃气体云，而一定是由许许多多恒星构成的系统，而且恒星的数目一定极大，这样才有可能在它们中间出现那么多的新星。如果假设这些新星最亮时候的亮度和在银河系中找到的其他新星的亮度是一样的，那么就可以大致推断出仙女座大星云离我们十分遥远，远远超出了我们已知的银河系的范围。但是由于用新星来测定距离并不很可靠，因此也引起了争议。

直到1924年，美国天文学家哈勃用当时世界上最大的2.4米口径的望远镜在仙女座大星云的边缘找到了被称为"量天尺"的造父变星，利用造父变星的光变周期和光度的对应关系才定出仙女座星云的准确距离，证明它确实是在银河系之外，也像银河系一样，是一个巨大、独立的恒星集团。因此，仙女星云应改称为仙女星系。从河外星系的发现，可以反观我们的银河系。它仅仅是一个普通的星系，是千亿星系家族中的一员，是宇宙海洋中的一个小岛，是无限宇宙中很小很小的一部分。

听星星唱歌

> **最古老的星系**

2011 年 4 月 12 日，欧洲宇航局宣布，一个国际天文学研究小组最近发现了一个距今 135.5 亿年的星系，这是已知最古老的星系。这一发现有助于揭开宇宙"黑暗时代"之谜。根据目前科学界普遍认可的大爆炸理论，我们的宇宙是 137.5 亿年前由一个非常小的点爆炸形成的。随着宇宙的膨胀，大爆炸约 38 万年后，能量逐渐形成了物质，大量氢气弥散在宇宙中。这时由于没有新的光源产生，宇宙是黑暗的。尽管此后逐渐有恒星、星系诞生，但它们产生的光仍然很暗，并且被弥散在宇宙中的"氢气雾"遮掩，直到 10 亿年后，星系越来越多，"氢气雾"被它们产生的电磁辐射驱散后，宇宙才开始亮起来。这 10 亿年被称为宇宙"黑暗时代"。对"黑暗时代"的研究是当今科学前沿课题之一，而发现和研究在"黑暗时代"诞生的恒星和星系是揭开这一时代奥秘的关键。

2012 年 1 月，由美国科学家牵头的一个国际天文学研究小组也曾在英国《自然》杂志上宣布，利用哈勃太空望远镜发现了最古老星系，它诞生于宇宙大爆炸最初的 4.8 亿年，而新发现的古老星系则诞生于宇宙大爆炸最初的 2 亿年，比前者年长 2.8 亿年。这一星系是由法国里昂大学里昂天文台约翰·理查德领导的研究小组发现的，他们利用美国哈勃太空望远镜和斯皮策太空望远镜发现了该星系，然后利用美国夏威夷凯克天文台的仪器测定了它与地球的距离为 128 亿光年，这说明该星系至少诞生于 128 亿年前。对该星系光谱的进一步研究显示，该星系中最早的恒星已有 7.5 亿年历史，研究人员因此断定该星系诞生于 135.5 亿年前。这一成果发表在英国《皇家天文学会月刊》上。

星团的分类 ＞

　　星团有疏散星团和球状星团之分。疏散星是团由十几颗到几千颗恒星组成的，结构松散，形状不规则的星团，主要分布在银道面因此又叫作银河星团，主要由蓝巨星组成，例如昴宿星团（又名昴星团）。球状星团由上万颗到几十万颗恒星组成，整体像球形，中心密集的星团。

• 球状星团

　　球状星团呈球形或扁球形，与疏散星团相比，它们是紧密的恒星集团．这类星团包含 1 万到 1000 万颗恒星，成员星的平均质量比太阳略小。用望远镜观测，在星团的中央恒星非常密集，不能将它们分开，如猎犬座中的 M3 和人马座中的 M22 等等。球状星团的直径在 15 至 300 多光年范围内，成员星平均空间密度比太阳附近恒星空间密度约大 50 倍，中心密度则大 1000 倍左右。球状星团中没有年轻恒星，成员星的年龄一般都在 100 亿年以上，并据推测和观测结果，有较多死亡的恒星。

　　在银河系中已发现的球状星团有 150 多个，它们在空间上的分布颇为奇特，其中有 1/3 就在人马座附近仅占全天空面积百分之几的范围内。天文学家最初正是根据这个现象领悟到太阳离开银河系中心相当远，而银河系的中心就在人马星座方向。跟疏散星团不同，球状星团并不向银道面集中，而是向银河系中心集中。它们离开银河系中心的距离绝大多数在 6 万光年以内，只有很少数分布在更远的地方。球状星团的光度大，在很远的地方也能看到，而且被浓密的星际尘埃云遮掩的可能性不大，因此未发现的球状星团数量大致不超过 100 个，总数比疏散星团少得多。

• 疏散星团

疏散星团形态不规则，包含几十至两三千颗恒星，成员星分布得较为松散，用望远镜观测，容易将成员星一颗颗地分开。少数疏散星团用肉眼就可以看见，如金牛座中的昴星团（M45）和毕星团、巨蟹座中的鬼星团（M44）等等。疏散星团的直径大多数在 3 至 30 多光年范围内，有些疏散星团很年轻，与星云在一起（例如昴星团），甚至有的还在形成恒星。

在银河系中已发现的疏散星团有1000 多个，它们高度集中在银道面的两旁，离开银道面的距离一般小于 600 光年，大多数已知疏散星团离开太阳的距离在 1 万光年以内，更远的疏散星团无疑是存在的，它们或者处于密集的银河背景中不能辨认，或者受到星际尘埃云遮挡无法看见。据推测，银河系中疏散星团的总数有 1 万到 10 万个。

27

星云的发现

1758 年 8 月 28 日晚，一位名叫梅西耶的法国天文学爱好者在巡天搜索彗星的观测中，突然发现一个在恒星间没有位置变化的云雾状斑块。梅西耶根据经验判断，这块斑形态类似彗星，但它在恒星之间没有位置变化，显然不是彗星。这是什么天体呢？在没有揭开答案之前，梅西耶将这类发现（截止到 1784 年，共有 103 个）详细地记录下来。其中第一次发现的金牛座中云雾状斑块被列为第一号，既 M1，"M" 是梅西耶名字的缩写字母。

梅西耶建立的星云天体序列，至今仍然在被使用。他的不明天体记录（梅西耶星表）发表于 1781 年，引起英国著名天文学家威廉·赫歇耳的高度注意。在经过长期的观察核实后，赫歇耳将这些云雾状的天体命名为星云。

由于早期望远镜分辨率不够高，河外星系及一些星团看起来呈云雾状，因此把它们也称之为星云。哈勃测得仙女座大星云距离后，证实某些星云其实是和我们银河系相似的恒星系统。由于历史习惯，某河外星系有时仍被称为星云，例如大小麦哲伦星云、仙女座大星云等。

28

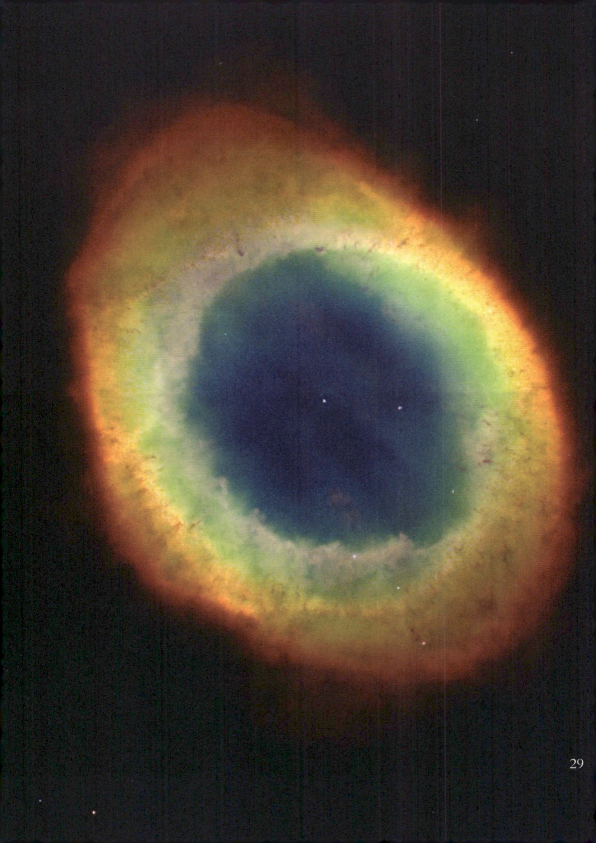

● 宇宙中无数的太阳——恒星

恒星是茫茫宇宙中除太阳、月亮和少数行星之外最引人注目的天体,太阳是离地球最近的恒星,也是地球能量的来源。白天由于有太阳照耀,无法看到其他恒星;只有在夜晚的时间,才能在天空中看见其他恒星。早在上古时期,人们就对恒星充满了好奇与幻想,中外都流行着非常动人的神话传说。然而,直到望远镜出现后,人们才对恒星有了最基本的认识,了解到恒星在天空中并不是恒定不变的。到了20世纪初,爱因斯坦发表了著名的质能关系,人们对原子核反应所产生的巨大能量逐步认识,知道了恒星能量的来源,才渐渐认识到恒星本身也有生命周期,它们像人一样会出生、成长、衰老直至死亡。

恒星的命名规则

　　每一颗恒星都要给它取一个名字，才能够便于研究和识别。中国在战国时代起已命名肉眼能辨别到的恒星或是以它所在星宫命名，如天关星、北河二等；或是根据传说命名，例如织女星（织女一）、牛郎星（河鼓二）、老人星等；或根据二十八宿排列顺序命名，例如心宿二等，构成一个不太严谨的独立体系。

　　在西方，1603年德国业余天文学家拜耳建议将每个星座中的恒星按照从亮到暗的顺序，以该星座的名称加上一个希腊字母顺序表示。例如猎户座 α（参宿四）、猎户座 β（参宿七）（但事实上猎户座 β 比猎户座 α 还要亮）。如果某个星座的恒星数目超过24个希腊字母，则接续采用小写的拉丁字母（a,b,c......），仍不足再使用大写拉丁字母（A,B,C......）。

约翰·弗兰斯蒂德

　　英国首任的天文台台长佛兰斯蒂德创立了数字命名法，将星座内肉眼可见的恒星由西向东、由北向南依序编号。

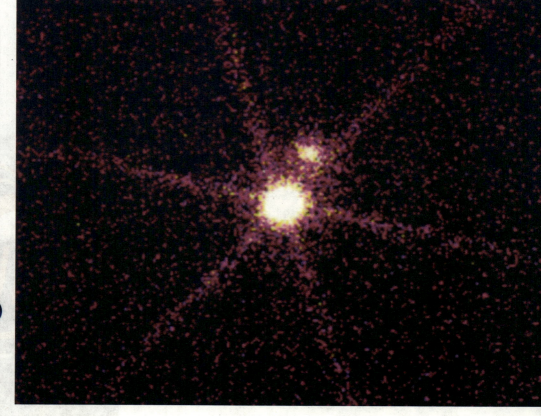

恒星的数量 >

  恒星在宇宙中的分布是不均匀的，并且通常都是与星际间的气体、尘埃一起存在于星系中。最近科学家发现，宇宙里的恒星总数可能是我们现在估计数值的3倍，也就是说宇宙里有3×10^{23}颗恒星，比地球上的所有海滩和沙漠里的总沙粒数更多，这大大增加了在地球以外的其他世界发现外星生命的可能性。

  科学家们表示，宇宙中的恒星数量可能一直以来被严重低估，这种低估主要涉及不同星系中那些温度较低、亮度暗淡的矮星。如果被证实，它将有可能改写科学家们原有对星系形成和演化的认识。那些存在于其他星系的矮星太暗淡了，它们的质量仅有太阳的1/3。因此，一般采用的方法是对那些亮星进行计数，并按照银河系中的比例去估算看不见的暗星的数量。如每发现一颗亮度类似太阳的恒星，就应当有100颗左右看不见的矮星。

　　由于矮星温度较低，它们的辐射颜色和波段是不同于其他较亮的恒星的。因此，通过观测整个星系在这一特定颜色或波段上的辐射强度和特征，是有可能反推出产生这样强度的辐射需要多少矮星的。他们以此为依据，对8个椭圆星系进行了观测和计算。结果显示在椭圆星系中，类似太阳的主序星和看不见的矮星的比例达到（1000~2000）：1，而非银河系中的大约100:1。因此，一个典型的椭圆星系一般认为包含1000亿颗恒星，实际应包含1万亿甚至更多恒星。而在宇宙中，椭圆星系占到星系总量的大约1/3，因此，他们得出结论：宇宙中的恒星总数至少是现有估计值的3倍。

开普勒22 恒星星系

宜居带

太阳系

水星　金星　地球　火星

开普勒22b

恒星与地球的距离 ＞

恒星的距离，若用千米表示，数字实在太大，为使用方便，通常采用光年作为单位。1光年是光在一年中通过的距离。真空中的光速是每秒30万千米，乘一年的秒数，得到1光年约等于9.46万亿千米。离地球最近的恒星是太阳。其次是处于半人马座的比邻星，它发出的光到达地球需要4.22光年。

测定恒星距离最基本的方法是三角视差法，此法主要用于测量较近的恒星

距离，过程如下，先测得地球轨道半长径在恒星处的张角（叫作周年视差），再经过简单的运算，即可求出恒星的距离。这是测定距离最直接的方法。在16世纪哥白尼公布了他的日心说以后，许多天文学家试图测定恒星的距离，但都由于它们的数值很小以及当时的观测精度不高而没有成功。直到19世纪30年代后半期，才取得成功。

然而对大多数恒星说来，这个张角

太小，无法测准。所以测定恒星距离常使用一些间接的方法，如分光视差法、星团视差法、统计视差法以及由造父变星的周光关系确定视差，等等。这些间接的方法都是以三角视差法为基础的。自20世纪20年代以后，许多天文学家开展这方面的工作，到20世纪90年代初，已有8000多颗恒星的距离被用照相方法测定。在20世纪90年代中期，依靠"依巴谷"卫星进行的空间天体测量获得成功，在大约3年的时间里，以非常高的准确度测定了10万颗恒星的距离。

恒星的种类 〉

恒星分类是依据光谱和光度进行的二元分类。在通俗的简化的分类中,前者可由恒星的颜色区分,后者则大致分为"巨星"和"矮星",比如太阳是一颗"黄矮星",常见的名称还有"蓝巨星"和"红巨星"等。

根据维恩定律,恒星的颜色与温度有直接的关系。所以天文学家可以由恒星的光谱得知恒星的性质。故此,天文学家自19世纪便开始根据恒星光谱的吸收线,以光谱类型将恒星分类。天体物理学就是由此发展起来的。

依据恒星光谱,恒星从温度最高的O型,到温度低到分子可以存在于恒星大气层中的M型,可以分成好几种类型。而最主要的型态,可利用"Oh, Be A Fine Girl, Kiss Me!"(也有将"girl"改为"guy")这句英文来记忆(还有许多其他形式的口诀记忆),各种罕见的光谱也有各特殊的分类,其中比较常见的是L和T,适用于比M型温度更低和质量更小的恒星和棕矮星。每个类型由高温至低温依序以数字0到9来标示,再细分10个小类。此分类法与温度高低相当符合,但是还没有恒星被分类到温度最高的O0和O1。

光谱类型 表面温度颜色

O 30 000 ~ 60 000 K 蓝

B 10 000 ~3000 K 蓝白

A 7500~ 10 000 K 白

F 6000 ~7500 K 黄白

G 5000 ~ 6000 K 黄（太阳属于此类型）

K 3500 ~5000 K 橙黄

M 2000 ~ 5000 K

另一方面，恒星还有加上"光度效应"，对应于恒星大小的二维分类法，从0（超巨星）经由III（巨星）到V（矮星）和VII（白矮星）。大多数恒星皆为燃烧氢的普通恒星，也就是主序星。当以光谱对应绝对星等绘制赫罗图时，这些恒星都分布在对角线很窄的范围内。

太阳的类型是G2V（黄色的矮星），是颗大小与温度都很普通的恒星。太阳被作为恒星的典型样本，并非因为它很特别，只因它是离我们最近的恒星，且其他恒星的许多特征都能以太阳作为一个单位来加以比较。

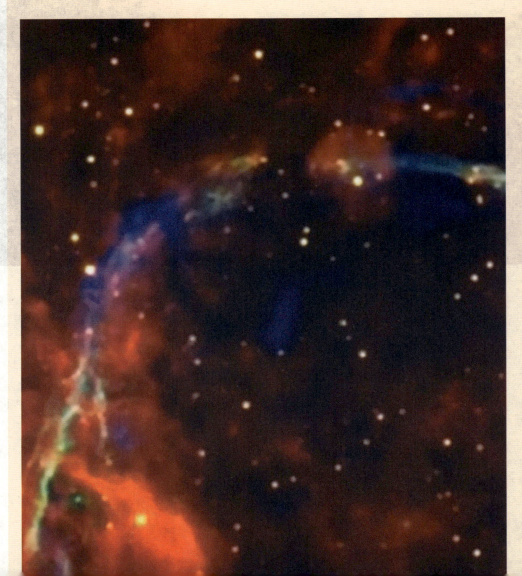

恒星光谱与变星

我们对恒星光谱进行分析可以确定恒星大气中形成各种谱线的元素的含量。多年来的实测结果表明，正常恒星大气的化学组成与太阳大气差不多。按质量计算，氢最多，氦次之，其余按含量依次大致是氧、碳、氮、氖、硅、镁、铁、硫等。但也有一部分恒星大气的化学组成与太阳大气不同，例如沃尔夫－拉叶星，就有含碳丰富和含氮丰富之分（即有碳序和氮序之分）在金属线星和 A 型特殊星中，若干金属元素和超铀元素的谱线显得特别强。

观测发现，有些恒星的光度、光谱和磁场等物理特性都随时间的推移发生周期的、半规则的或无规则的变化。这种恒星叫作变星。变星分为两大类：一类是由于几个天体间的几何位置发生变化或恒星自身的几何形状特殊等原因而造成的几何变星；一类是由于恒星自身内部的物理过程而造成的物理变星。

几何变星 〉

几何变星中，最为人们熟悉的是两个恒星互相绕转（有时还有气环或气盘参与）因而发生变光现象的食变星（即食双星）。根据光强度随时间改变的"光变曲线"，可将它们分为大陵五型、天琴座β（渐台二）型和大熊座W型，3种几何变星中还包括椭球变星（因自身为椭球形，亮度的变化是由于自转时观测者所见发光面积的变化而造成的）、星云变星（位于星云之中或之后的一些恒星，因星云移动，吸光率改变而形成亮度变化）等。可用倾斜转子模型解释的磁变星，也应归入几何变星之列。

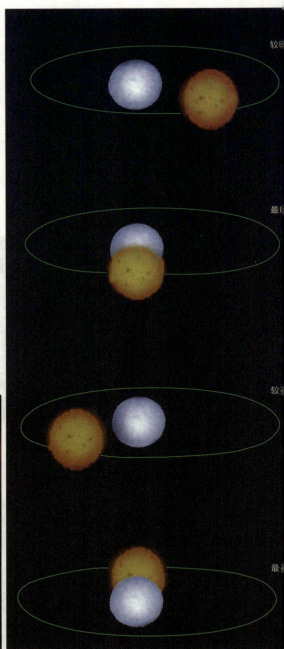

物理变星 〉

按变光的物理机制,物理变星主要分为脉动变星和爆发变星两类。

• 脉动变星

脉动变星的变光原因是：恒星在经过漫长的主星序阶段以后（见赫罗图），自身的大气层发生周期性的或非周期性的膨胀和收缩，从而引起脉动性的光度变化。理论计算表明脉动周期与恒星密度的平方根成反比。因此那些重复周期为几百乃至几千天的晚型不规则变星、半规则变星和长周期变星都是体积巨大而密度很小的晚型巨星或超巨星。周期约在 1~50 天之间的经典造父变星和周期约在 0.05~1.5 天之间的天琴座 RR 型变星（又叫星团变星），是两种最重要的脉动变星。观测表明，前者的绝对星等随周期增长而变小（这是与密度和周期的关系相适应的），因而可以通过精确测定它们的变光周期来推求它们自身以及它们所在的恒星集团的距离，所以造父变星又有宇宙中的"灯塔"或"量天尺"之称。天琴座 RR 型变星也有量天尺的作用。还有一些周期短于 0.3 天的脉动变星（包括盾牌座 δ 型变星、船帆座 AI 型变星和仙王座 β 型变星等），它们的大气分成若干层，各层都以不同的周期和形

式进行脉动，因而，其光度变化规律是几种周期变化的叠合，光变曲线的形状变化很大，光变同视向速度曲线的关系也有差异。盾牌座 δ 型变星和船帆座 AI 型变星可能是质量较小、密度较大的恒星，仙王座 β 型变星属于高温巨星或亚巨星一类。

• 爆发变星

爆发变星按爆发规模可分为超新星、新星、矮新星、类新星和耀星等几类。

超新星

超新星的亮度会在很短期间内增大数亿倍，然后在数月到一两年内变得非常暗弱。目前多数人认为这是恒星演化到晚期的现象。超新星的外部壳层以每秒钟数千乃至上万千米的速度向外膨胀，形成一个逐渐扩大而稀薄的星云；内部则因极度压缩而形成密度非常大的中子星之类的天体。最著名的银河超新星是中国宋代（1054年）在金牛座发现的"天关客星"。现在可在该处看到著名的蟹状星云，其中心有一颗周期约33毫秒的脉冲星。一般认为，脉冲星就是快速自转的中子星。

新星

其在可见光波段的光度在几天内会突然增强大约9个星等或更多，然后在若干年内逐渐恢复原状。1975年8月在天鹅座发现的新星是迄今已知的光变幅度最大的一颗。光谱观测表明，新星的气壳以每秒500~2000千米的速度向外膨胀。一般认为，新星爆发只是壳层的爆发，质量损失仅占总质量的1/1000左右，因此不足以使恒星发生质变。有些爆发变星会再次做相当规模的爆发，称为再发新星。

43

矮新星和类新星变星

其光度变化情况与新星类似，但变幅仅为 2~6 个星等，发亮周期也短得多。它们多是双星中的子星之一，因而不少人的看法倾向于，这一类变星的爆发是由双星中某种物质的吸积过程引起的。

耀星

这是一些光度在数秒到数分钟间突然增亮而又很快回复原状的一些很不规则的快变星。它们被认为是一些低温的主序前星。

44

北冕座R型变星

它们的光度与新星相反，会很快地突然变暗几个星等，然后慢慢上升到原来的亮度。观测表明，它们是一些含碳量丰富的恒星。大气中的碳尘埃粒子突然大量增加，致使它们的光度突然变暗，因而也有人把它们叫作碳爆变星。

随着观测技术的发展和观测波段的扩大，还发现了射电波段有变化的射电变星和X射线辐射流量变化的X射线变星等。

恒星的大小 >

由于和地球的距离遥远，除了太阳之外的所有恒星在肉眼看来都只是夜空中的一个光点，并且受到大气层的影响而闪烁着。太阳也是恒星，但因为很靠近地球所以不仅看起来呈现圆盘状，还提供了白天的光线。除了太阳之外，看起来最大的恒星是剑鱼座R，它的视直径是0.057角秒。

恒星的真直径可以根据恒星的视直径（角直径）和距离计算出来。常用的干涉仪或月掩星方法可以测出小到0.01的恒星的角直径，更小的恒星不容易测准，加上测量距离的误差，所以恒星的真直径可靠的不多。根据食双星兼分光双星的轨道资料，也可得出某些恒星直径。对有些恒星，也可根据绝对星等和有效温度来推算其真直径。用各种方法求出的不同恒星的直径，有的小到几千米量级，有的大到10千米以上。恒星的大小相差也很大，有的是巨人，有的是侏儒。地球的直径约为13 000千米，太阳的直径是地球的109倍。

巨星是恒星世界中个头最大的，它们的直径要比太阳大几十到几百倍。超巨星就更大了，红超巨星心宿二(即天蝎座α)的直径是太阳的600倍；红超巨星参宿四(即猎户座α)的直径是太阳的900倍，假如它处在太阳的位置上，那么它的大小几乎能把木星也包进去。它们还不算最大的，仙王座VV 是一对双星，它的主星A的直径是太阳的1600倍；HR237直径为太阳的1800倍。还有一颗叫作柱一的双星，其伴星比主星还大，直径是太阳的2000~3000 倍。这些巨星和超巨星都是恒星世界中的巨人。

看完了恒星世界中的巨人，我们再来看看它们当中的侏儒。在恒星世界当中，太阳的大小属中等，比太阳小的恒星也有很多，其中最突出的要数白矮星和中子星了。白矮星的直径只有几千千米，和地球差不多，中子星就更小了，它们的直径只有20千米左右，白矮星和中子星都是恒星世界中的侏儒。我们知道，一个球体的体积与半径的立方成正比。如果拿体积来比较的话，上面提到的柱一就要比太阳大90多亿倍，而中子星是太阳的几百万亿分之一。由此可见，巨人与侏儒的差别有多么悬殊。

47

恒星的质量 >

船底座η是已知质量最大的恒星之一，约为太阳的100~150倍，所以其寿命很短，最多只有数百万年。2010年英国谢菲尔德大学科学家发现了迄今质量最大的恒星，它在形成初期质量或可达太阳质量的320倍，亮度接近太阳的1000万倍，表面温度超过4万摄氏度。

剑鱼座ABA的伴星剑鱼座ABC，质量只有木星的93倍，是已知质量最小，但核心仍能进行核聚变的恒星。金属量与太阳相似的恒星，理论上仍能进行核聚变反应的最低质量估计质量大约是木星质量的75倍。当金属量很低时，依目前对最暗淡恒星的研究，发现尺寸最小的恒星质量似乎只有太阳的8.3%，或是木星质量的87倍。再小的恒星就是介于恒星与气体巨星之间的灰色地带，没有明确定义的棕矮星。

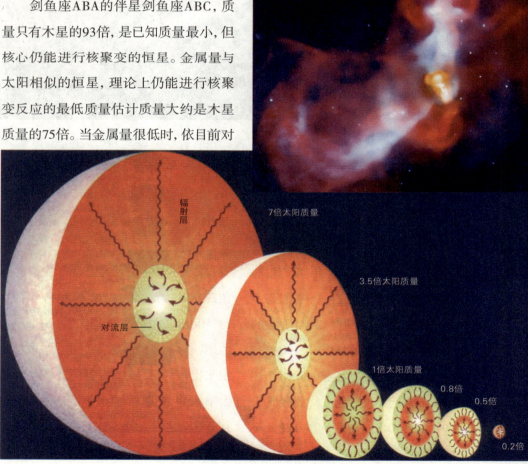

7倍太阳质量

3.5倍太阳质量

1倍太阳质量

0.8倍

0.5倍

0.2倍

辐射层

对流层

恒星的化学构成 >

以质量来计算,恒星形成时的比率大约是70%的氢和28%的氦,还有少量的其他重元素。因为铁是很普通的元素,而且谱线很容易测量到,因此典型的重元素测量是根据恒星大气层内铁含量。由于分子云的重元素丰度是稳定的,只有经由超新星爆炸才会增加,因此测量恒星的化学成分可以推断它的年龄。重元素的成分或许也可以显示是否有行星系统。

被测量过的恒星中含铁量最低的是矮星HE1327–2326,铁的比率只有太阳的二十万分之一。对照之下,金属量较高的是狮子座μ,铁丰度是太阳的1倍,而另一颗有行星的武仙座14则几乎是太阳的3倍。也有些化学元素与众不同的特殊恒星,在它们的谱线中有某些元素的吸收线,特别是铬和稀土元素。

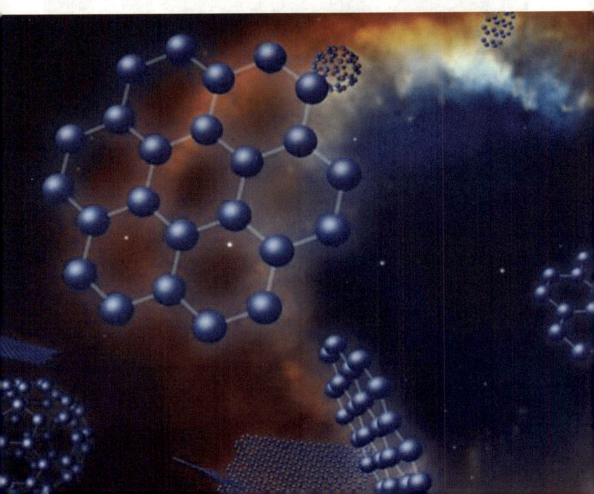

恒星的温度 >

恒星表面的温度一般用有效温度来表示，它等于有相同直径、相同总辐射的绝对黑体的温度。恒星的光谱能量分布与有效温度有关，由此可以定出O、B、A、F、G、K、M等光谱型（也可以叫作温度型）温度相同的恒星，体积越大，总辐射流量（即光度）越大，绝对星等越小。恒星的光度级可以分为Ⅰ、Ⅱ、Ⅲ、Ⅳ、Ⅴ、Ⅵ、Ⅶ，依次称为：Ⅰ超巨星、Ⅱ亮巨星、Ⅲ正常巨星、Ⅳ亚巨星、Ⅴ矮星、Ⅵ亚矮星、Ⅶ白矮星。太阳的光谱型为G2V，颜色偏黄，有效温度约5770K。A0V型星的色指数平均为零，温度约10 000K。恒星的表面有效温度由早O型的几万度到晚M型的几千度，差别很大。

恒星的亮度 〉

恒星的亮度常用星等来表示。恒星越亮，星等越小。在地球上测出的星等叫视星等；归算到离地球32.6光年处时的星等叫绝对星等。使用对不同波段敏感的检测元件所测得的同一恒星的星等，一般是不相等的。目前最通用的星等系统之一是U（紫外）、B（蓝）、V（黄）三色系统。B和V分别接近照相星等和目视星等。二者之差就是常用的色指数。太阳的V=-26.74等，绝对目视星等M=+4.83等，色指数B-V=0.63，U-B=0.12。由色指数可以确定色温度。

恒星的磁场

恒星的磁场起源于恒星内部对流的循环开始产生的区域。具有导电性的等离子像发电机，引起在恒星中延伸的磁场。磁场的强度随着恒星的质量和成分而改变，表面磁性活动的总量取决于恒星自转的速率。表面的活动会产生星斑，是表面磁场较正常强而温度较正常低的区域。拱型的星冕圈是从磁场活跃地区进入星冕的光环，星焰是由同样的磁场活动喷发出的高能粒子爆发的现象。

由于磁场的活动，年轻、高速自转的恒星倾向于有高度的表面活动。磁场也会增强恒星风，然而自转的速率有如闸门，随着恒星的老化而逐渐减缓。因此，像太阳这样高龄的恒星，自转的速率较低，表面的活动也较温和。自转缓慢的恒星活动程度倾向于周期性的变化，并且可能在周期中暂时停止活

动。像是蒙德极小期的粒子，太阳有大约 70 年的时间几乎完全没有黑子活动。

恒星的演化

20 世纪初，爱因斯坦发表了著名的质能关系，人们对原子核反应所产生的巨大能量逐步认识，知道了恒星能量的来源，并渐渐认识到恒星本身也有生命周期，它们像人一样会出生、成长、衰老直至死亡。

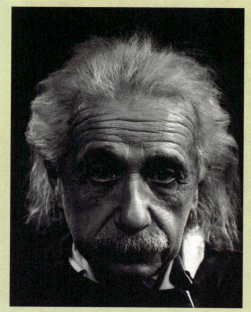

阿尔伯特·爱因斯坦

52

• 诞生：引力收缩阶段

恒星最初诞生于太空中的星际尘埃，科学家形象地称之为"星云"或者"星际云"，其主要成分由氢组成，密度极小，但体积和质量巨大。密度足够大的星云在自身引力作用下，不断收缩、温度升高，当温度达到 1000 万度时其内部发生热核聚变反应，核聚变的结果是把 4 个氢原子核结合成一个氦原子核，并释放出大量的核能，形成辐射压，当压力增高到足以和自身收缩的引力抗衡时，一颗恒星诞生了。

• 形成：主序星阶段

恒星以内部氢氦聚变为主要能源的发展阶段就是恒星的主序阶段，这是恒星的"青年时代"，是恒星一生中最长的黄金阶段，占据了它整个寿命的 90%。这段时间，恒星相对稳定，向外膨胀和向内收缩的两种力大致平衡，恒星基本上不收缩也不膨胀，并且以几乎不变的恒定光度（所谓"光度"，就是指从恒星表面以光的形式辐射出的功率）发光发热，照亮周围的宇宙空间。不同的恒星停留在主序阶段的时间随着质量的不同而相差很多。质量越大，光度越大，能量消耗也越快，停留在主序阶段的时间就越短，如质量为太阳质量的 15 倍、5 倍、1 倍、0.2 倍的恒星，处于主序阶段的时间分别为 1000 万年、7000 万年、100 亿年和 1 万亿年。

• 稳定：红巨星阶段

当一颗恒星度过它漫长的青壮年期（主序星阶段），步入"老年期"时，它将首先变为一颗红巨星。

由于热核反应中氢的燃烧消耗极快，中心形成氦核并且不断增大。随着时间的延长，氦核周围的氢越来越少，中心核产生的能量已经不足以维持其辐射压，于是平衡被打破，引力占了上风。有着氦核和氢外壳的恒星在引力作用下收缩，氢的燃烧则向氦核周围的一个壳层里推进。

这以后恒星演化的过程是：内核收缩、外壳膨胀——燃烧壳层内部的氦核向内收缩并变热，而恒星外壳则向外膨胀并不断变冷，表面温度大大降低，这个过程仅仅持续数十万年，这颗恒星在迅速膨胀中变为红巨星。

由于体积将膨胀到 10 亿倍之多，十分巨大，所以称它为"巨星"；在恒星迅速膨胀的同时，它的外表面离中心越来越远，质量易于抛失，温度越来越低，发出的光也就越来越偏红，所以称之为红巨星，但由于体积巨大，它的光度也变得很大，极为明亮。肉眼看到的最亮的星中，许多都是红巨星。

54

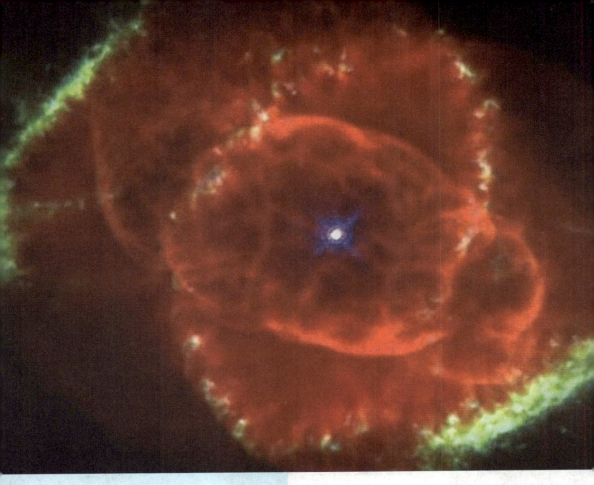

• 晚年：爆发阶段

红巨星阶段后，恒星进入"晚年"。此时的恒星是很不稳定的，总有一天它会猛烈地爆发。到那时，整个恒星将以一次极为壮观的爆炸来了结自己的生命，把自己的大部分物质抛射向太空中，重新变为星云，同时释放出巨大的能量。这样，在短短几天内，它的光度有可能将增加几十万倍，这样的星叫"新星"。如果恒星的爆发再猛烈些，它的光度增加甚至能超过1000万倍以至万万倍，这样的恒星叫作"超新星"。这就是天文学中著名的"超新星爆发"。

超新星爆发的激烈程度是让人难以置信的。它在几天内倾泻的能量，就像一颗青年恒星在几亿年里所辐射的那样多，以致它看上去就像整个星系那样明亮！

新星或者超新星的爆发是天体演化的重要环节。它是老年恒星辉煌的葬礼，同时又是新生恒星诞生的推动者。超新星的爆发可能会引发附近星云中无数颗恒星的诞生。另一方面，新星和超新星爆发的灰烬，也是形成别的天体的重要材料。如今天地球上的许多物质元素就来自那些早已消失的恒星。

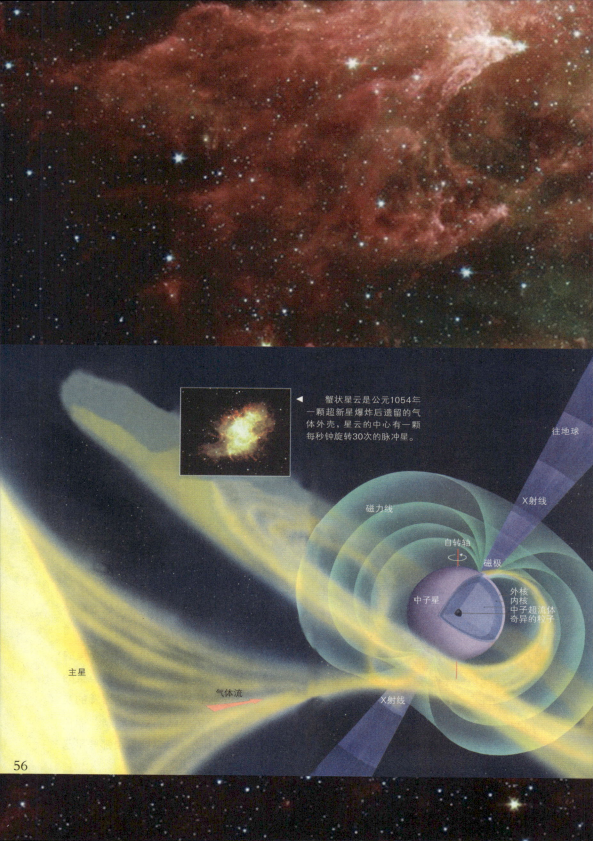

蟹状星云是公元1054年一颗超新星爆炸后遗留的气体外壳，星云的中心有一颗每秒钟旋转30次的脉冲星。

往地球

X射线

磁力线

自转轴

磁极

中子星

外核
内核
中子超流体
奇异的粒子

主星

气体流

X射线

终局：高密度阶段

经过爆发后，超新星只留下一个高密度残骸，而不再是一颗恒星了，中心留下的高密度天体，也许是白矮星，也许是中子星，甚至可能是黑洞。

质量在 1~3 倍太阳质量以下的恒星，在离开主星序带后便无剧烈变动地失去足够的质量，相对平和地结束生命而变成一颗白矮星。白矮星的体积小、亮度低，但质量大、密度极高。质量中等（3 倍太阳质量）的恒星将会以超新星爆发的方式结束自己的生命。爆炸后几秒内，核心开始塌缩，最终塌缩成致密的中子星。中子星体积更小，但质量、温度、压力、密度都远远大于白矮星，中子星的密度为 $10^{11}kg/cm^3$，也就是每立方厘米的质量竟为 1 亿吨之巨！半径 10 千米的中子星的质量就与太阳的质量相当了。中子星还有极强的磁场，并且不向宇宙空间发出电磁脉冲信号。快速旋转的中子星射电脉冲的周期性非常有规律，这样的中子星又被叫作脉冲星。脉冲星的发现，被称为 20 世纪 60 年代的四大天文学重要发现之一。

中子星的质量并不是无限大的，如果在超新星爆发后核心剩余物质还超过大约 3 倍太阳质量，其中心部分就会继续收缩，最后这团物质收缩到很小的时候，在它附近的引力就大到足以使运动最快的光也无法摆脱它的束缚，这个天体不可能向外界发出任何信息，它本身不发光并吞下包括辐射在内的一切物质，就像一个漆黑的无底洞，所以这种特殊的天体就被称为黑洞。黑洞有很多奇特的性质，对黑洞的研究在当代天文学及物理学中有重大的意义。

就这样，恒星来之于星云，又归之于星云，走完它辉煌的一生。

 恒星能活多久

多数恒星的年龄在 10 亿~100 亿岁之间，有些恒星甚至接近观测到的宇宙年龄——137 亿岁。目前发现最老的恒星是 HE 1523—0901，估计的年龄是 132 亿岁。

质量越大的恒星寿命越短暂，主要是因为质量越大的恒星核心的压力也越高，造成燃烧氢的速度也越快。许多大质量的恒星平均只有 100 万年的寿命，但质量最轻的恒星（红矮星）以很慢的速率燃烧它们的燃料，寿命至少有 1 兆年。

• 最近的恒星——太阳

太阳是距离地球最近的恒星，是太阳系的中心天体。太阳系质量的 99.87% 都集中在太阳。太阳系中的八大行星、小行星、流星、彗星、外海王星天体以及星际尘埃等，都围绕着太阳运行（公转）。

化学组成

组成太阳的物质大多是些普通的气体，其中氢约占 71.3%、氦约占 27%，其他元素占 2%。太阳从中心向外可分为核反应区、辐射区和对流区、太阳大气。太阳的大气层，像地球的大气层一样，可按不同的高度和不同的性质分成各个圈层，即从内向外分为光球、色球和日冕三层。我们平常看到的太阳表面，是太阳大气的最底层，温度约是 6000K。它是不透明的，因此我们不能直接看见太阳内部的结构。天文学家根据物理理论和对太阳表面各种现象的研究，建立了太阳内部结构和物理状态的的模型。

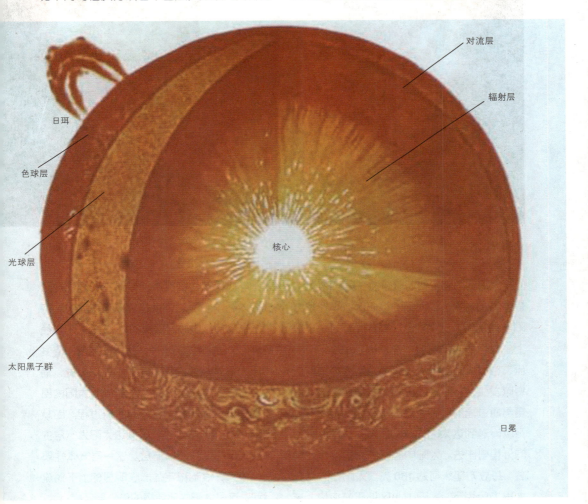

对流层

辐射层

日珥

色球层

光球层

核心

太阳黑子群

日冕

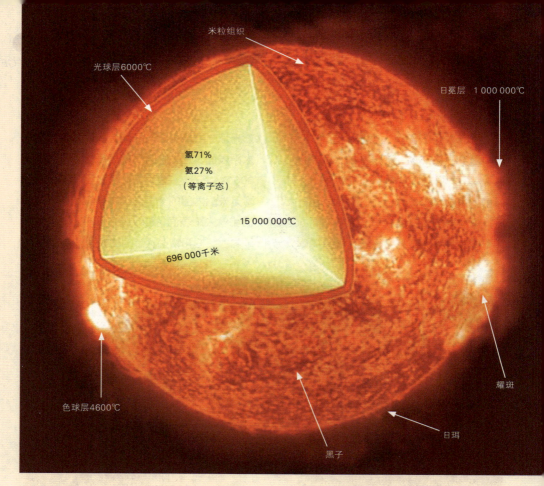

米粒组织

光球层6000℃

日冕层 1 000 000℃

氢71%

氦27%

（等离子态）

15 000 000℃

696 000千米

色球层4600℃

耀斑

日珥

黑子

内部构造

　　太阳的内部主要可以分为 3 层：核心区、辐射层和对流层。太阳的核心区域半径是太阳半径的 1/4，约为整个太阳质量的一半以上。太阳核心的温度极高，达到 1500 万℃，压力也极大，使得由氢聚变为氦的热核反应得以发生，从而释放出极大的能量。这些能量再通过辐射层和对流层中物质的传递，才得以传送到达太阳光球的底部，并通过光球向外辐射出去。太阳中心区的物质密度非常高。每立方厘米可达 160 克。太阳在自身强大重力吸引下，太阳中心区处于高密度、高温和高压状态，是太阳巨大能量的发源地。

太阳中心区产生的能量的传递主要靠辐射形式。太阳中心区之外就是辐射层，辐射层的范围是从热核中心区顶部的 0.25 个太阳半径向外到 0.71 个太阳半径，这里的温度、密度和压力都是从内向外递减。从体积来说，辐射层占整个太阳体积的绝大部分。 太阳内部能量向外传播除辐射，还有对流过程。即从太阳 0.71 个太阳半径向外到达太阳大气层的底部，这一区间叫对流层。这一层气体性质变化很大，很不稳定，形成明显的上下对流运动。这是太阳内部结构的最外层。

太阳光球

太阳光球就是我们平常所看到的太阳圆面，通常所说的太阳半径也是指光球的半径。光球层位于对流层之外，属太阳大气层中的最低层或最里层。光球的表面是气态的，其平均密度只有水的几亿分之一，但由于它的厚度达 500 千米，所以光球是不透明的。光球层的大气中存在着激烈的活动，用望远镜可以看到光球表面有许多密密麻麻的斑点状结构，很像一颗颗米粒，所以称之为米粒组织。它们极不稳定，一般持续时间仅为 5~10 分钟，其温度要比光球的平均温度高出 300~400℃。目前认为这种米粒组织是光球下面气体的剧烈对流造成的现象。

光球表面另一种著名的活动现象便是太阳黑子。黑子是光球层上的巨大气流旋涡，大多呈现近椭圆形，在明亮的光球背景反衬下显得比较暗黑，但实际上它们的温度高达 4000℃，倘若能把黑子单独取出，一个大黑子便可以发出相当于满月的光芒。日面上黑子出现的情况不断变化，这种变化反映了太阳辐射能量的变化。太阳黑子的变化存在复杂的周期现象，平均活动周期为 11.2 年。

太阳色球

　　紧贴光球以上的一层大气称为色球层，平时不易被观测到，过去这一区域只是在日全食时才能被看到。当月亮遮掩了光球明亮光辉的一瞬间，人们能发现日轮边缘上有一层玫瑰红的绚丽光彩，那就是色球。色球层厚约 8000 千米，它的化学组成与光球基本上相同，但色球层内的物质密度和压力要比光球低得多。日常生活中，离热源越远处温度越低，而太阳大气的情况却截然相反，光球顶部接近色球处的温度差不多是 4300℃，到了色球顶部温度竟高达几万摄氏度，再往上，到了日冕区温度陡然升至上百万摄氏度。人们对这种反常增温现象感到疑惑不解，至今也没有找到确切的原因。

　　在色球上人们还能够看到许多腾起的火焰，这就是天文上所谓的"日珥"。日珥是迅速变化着的活动现象，一次完整的日珥过程一般为几十分钟。同时，日珥的形状也可说是千姿百态，有的如浮云烟雾，有的似飞瀑喷泉，有的好似一弯拱桥，也有的酷似团团草丛，真是不胜枚举。天文学家根据形态变化规模的大小和变化速度的快慢将日珥分成宁静日珥、活动日珥和爆发日珥三大类。最为壮观的要数爆发日珥，本来宁静或活动的日珥，有时会突然"怒火冲天"，把气体物质拼命往上抛射，然后回转着返回太阳表面，形成一个环状，所以又称环状日珥。

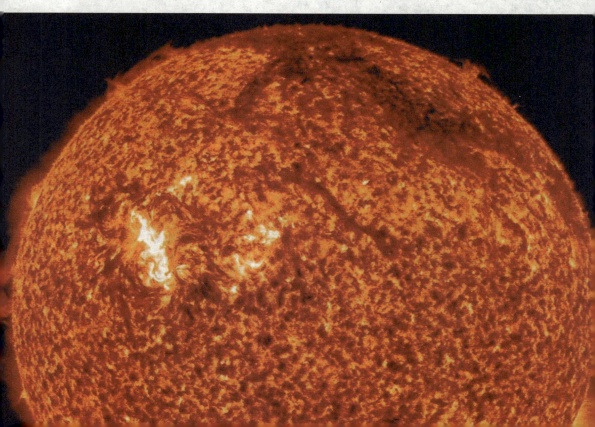

太阳日冕

　　日冕是太阳大气的最外层。日冕中的物质也是等离子体，它的密度比色球层更低，而它的温度反比色球层高，可达上百万摄氏度。在日全食时在日面周围看到放射状的非常明亮的银白色光芒即是日冕。

　　日冕的范围在色球之上，一直延伸到好几个太阳半径的地方。日冕还会有向外膨胀运动，并使得冷电离气体粒子连续地从太阳向外流出而形成太阳风。

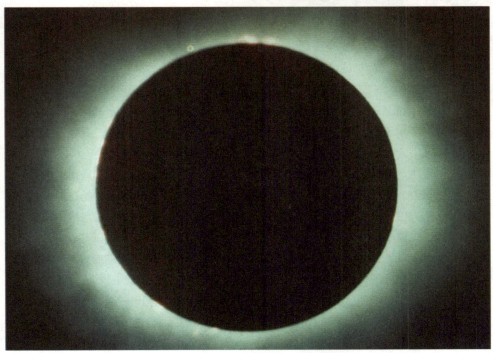

太阳风

太阳风是一种连续存在，来自太阳并以200~800km/s的速度运动的等离子体流。这种物质虽然与地球上的空气不同，不是由气体的分子组成，而是由更简单的比原子还小一个层次的基本粒子——质子和电子等组成，但它们流动时所产生的效应与空气流动十分相似，所以称之为太阳风。当然，太阳风的密度与地球上的风的密度相比，是非常非常稀薄而微不足道的，一般情况下，在地球附近的行星际空间中，每立方厘米有几个到几十个粒子。而地球上风的密度则为每立方厘米有2687亿亿个分子。太阳风虽然十分稀薄，但它刮起来的猛烈劲远远胜过地球上的风。在地球上，12级台风的风速是每秒32.5米以上，而太阳风的风速，在地球附近却经常保持在每秒350~450千米，是地球风速的上万倍，最猛烈时可达每秒800千米以上。太阳风是从太阳大气最外层的日冕，向空间持续抛射出来的物质粒子流。这种粒子流是从冕洞中喷射出来的，其主要成分是氢粒子和氦粒子。太阳风有两种：一种持续不断地辐射出来，速度较小，粒子含量也较少，被称为"持续太阳风"；另一种是在太阳活动时辐射出来，速度较大，粒子含量也较多，这种太阳风被称为"扰动太阳风"。扰动太阳风对地球的影响很大，当它抵达地球时，往往引起很大的磁暴与强烈的极光，同时也产生电离层扰动。太阳风的存在，给我们研究太阳以及太阳与地球的关系提供了方便。

● 恒星骤变——黑洞

黑洞是一种引力极强的天体，就连光也不能逃脱。当恒星的史瓦西半径小到一定程度时，就连垂直表面发射的光都无法逃逸了。这时恒星就变成了黑洞。说它"黑"，是指它就像宇宙中的无底洞，任何物质一旦掉进去，"似乎"就再不能逃出。由于黑洞中的光无法逃逸，所以我们无法直接观测到黑洞。然而，可以通过测量它对周围天体的作用和影响来间接观测或推测到它的存在。黑洞引申义为无法摆脱的境遇。2011 年 12 月，天文学家首次观测到黑洞"捕捉"星云的过程。

黑洞的产生

黑洞的产生过程类似于中子星的产生过程。恒星的核心在自身重力的作用下迅速地收缩，塌陷，发生强力爆炸。当核心中所有的物质都变成中子时收缩过程立即停止，被压缩成一个密实的星体，同时也压缩了内部的空间和时间。但在黑洞情况下，由于恒星核心的质量大到使收缩过程无休止地进行下去，中子本身在挤压引力自身的吸引下被碾为粉末，剩下来的是一个密度高到难以想象的物质。由于高质量而产生的力量，使得任何靠近它的物体都会被它吸进去。黑洞开始吞噬恒星的外壳，但黑洞并不能吞噬如此多的物质，黑洞会释放一部分物质，射出两道纯能量——伽马射线。

也可以简单理解：通常恒星的最初只含

65

氢元素，恒星内部的氢原子时刻相互碰撞，发生聚变。由于恒星质量很大，聚变产生的能量与恒星万有引力抗衡，以维持恒星结构的稳定。由于聚变，氢原子内部结构最终发生改变，破裂并组成新的元素——氦元素。接着，氦原子也参与聚变，改变结构，生成锂元素。如此类推，按照元素周期表的顺序，会依次有铍元素、硼元素、碳元素、氮元素等生成。直至铁元素生成，该恒星便会坍塌。这是由于铁元素相当稳定不能参与聚变，而铁元素存在于恒星内部，导致恒星内部不具有足够的能量与质量巨大的恒星的万有引力抗衡，从而引发恒星坍塌，最终形成黑洞。跟白矮星和中子星一样，黑洞可能也是由质量大于太阳质量好几倍以上的恒星演化而来的。

当一颗恒星衰老时，它的热核反应已经耗尽了中心的燃料（氢），由中心产生的能量已经不多了。这样，它再也没有足够的力量来承担起外壳巨大的重量。所以在外壳的重压之下，核心开始丹缩，物质将不可阻挡地向着中心点进军，直到最后形成体积接近无限小、密度几乎无限大的星体。而当它的半径一旦收缩到一定程度（一定小于史瓦西半径），质量导致的时空扭曲就使得即使光也无法向外射出——"黑洞"诞生了。

恒星的时空扭曲改变了光线的路径，使之和原先没有恒星情况下的路径不一样。光在恒星表面附近稍微向内偏折，在日食时观察远处恒星发出的光线，可以看到这种偏折现象。当该恒星向内坍塌时，其质量导致的时空扭曲变得很强，光线向内偏折得也更强，从而使得光线从恒星逃逸变得更为困难。对于在远处的观察者而言，光线变得更暗淡更红。最后，当这恒星收缩到某一临界半径（史瓦西半径）时，其质量导致时空扭曲变得如

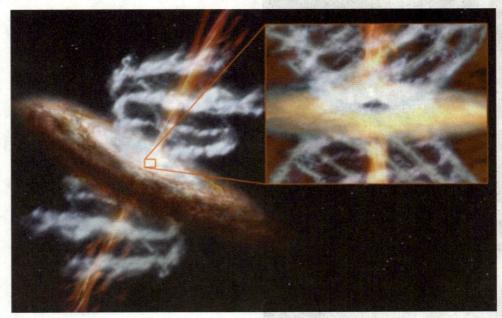

此之强，使得光向内偏折得也如此之强，以至于光线再也逃逸不出去。这样，如果光都逃逸不出来，其他东西更不可能逃逸，都会被拉回去。也就是说，存在一个事件的集合或时空区域，光或任何东西都不可能从该区域逃逸而到达远处的观察者，这样的区域称作黑洞。将其边界称作事件视界，它和刚好不能从黑洞逃逸的光线的轨迹相重合。

黑洞的隐身术

与别的天体相比，黑洞十分特殊。人们无法直接观察到它，科学家也只能对它内部结构提出各种猜想。而使得黑洞把自己隐藏起来的原因即是弯曲的时空。根据广义相对论，时空会在引力场作用下弯曲。这时候，光虽然仍然沿任意两点间的最短光程传播，但相对而言它已弯曲。在经过大密度的天体时，时空会弯曲，光也就偏离了原来的方向。

在地球上，由于引力场作用很小，时空的扭曲是微乎其微的。而在黑洞周围，时空的这种变形非常大。这样，即使是被黑洞挡着的恒星发出的光，虽然有一部分会落入黑洞中消失，可另一部分光线会通过弯曲的空间中绕过黑洞而到达地球。观察到黑洞背面的星空，就像黑洞不存在一样，这就是黑洞的隐身术。

更有趣的是，有些恒星不仅是朝着地球发出的光能直接到达地球，它朝其他方向发射的光也可能被附近的黑洞的强引力折射而能到达地球。这样我们不仅能看见这颗恒星的"脸"，还同时看到它的"侧面"、甚至"后背"，这是宇宙中的"引力透镜"效应。

黑洞的质量

宇宙中大部分星系,包括我们居住的银河系的中心都隐藏着一个超大质量黑洞。这些黑洞质量大小不一,大约 100 万个太阳质量到大约 100 亿个太阳质量。天文学家们通过探测黑洞周围吸积盘发出的强烈辐射推断这些黑洞的存在。物质在受到强烈黑洞引力下落时,会在其周围形成吸积盘盘旋下降,在这一过程中势能迅速释放,将物质加热到极高的温度,从而发出强烈辐射。黑洞通过吸积方式吞噬周围物质,这可能就是它的成长方式。

美国加州大学伯克利分校华裔天文学家马中佩带领一个科研小组发现了科学界迄今所知最大的两个黑洞。它们分别位于 NGC 3842 和 NGC 4889 星系,属银河系的中心地带,距离地球约 2.7 万光年,每个质量约为太阳的 100 亿倍。

黑洞的毁灭

　　黑洞会发出耀眼的光芒，体积会缩小，甚至会爆炸。当英国物理学家史迪芬·霍金于 1974 年做此预言时，整个科学界为之震动。霍金的理论是受灵感支配的思维的飞跃，他结合了广义相对论和量子理论，发现黑洞周围的引力场释放出能量，同时消耗黑洞的能量和质量。

　　假设一对粒子会在任何时刻、任何地点被创生，被创生的粒子就是正粒子与反粒子，而如果这一创生过程发生在黑洞附近的话就会有两种情况发生：两粒子湮灭、一个粒子被吸入黑洞。"一个粒子被吸入黑洞"这一情况：在黑洞附近创生的一对粒子其中一个反粒子会被吸入黑洞，而正粒子会逃逸，由于能量不能凭空创生，我们设反粒子携带负能量，正粒子携带正能量，而反粒子的所有运动过程可以视为是一个正粒子的为之相

斯蒂芬·威廉·霍金

70

反的运动过程，如一个反粒子被吸入黑洞可视为一个正粒子从黑洞逃逸。这一情况就是一个携带着从黑洞里来的正能量的粒子逃逸了，即黑洞的总能量少了，而爱因斯坦的公式$E=mc^2$表明，能量的损失会导致质量的损失。

当黑洞的质量越来越小时，它的温度会越来越高。这样，当黑洞损失质量时，它的温度和发射率增加，因而它的质量损失得更快。这种"霍金辐射"对大多数黑洞来说可以忽略不计，因为大黑洞辐射的比较慢，而小黑洞则以极高的速度辐射能量，直到黑洞的爆炸。

听星星唱歌

> **有关黑洞的研究**

• 美国制成 "人造黑洞"

2005 年 3 月 18 日英国《卫报》报道，美国布朗大学物理学教授"霍拉蒂·纳斯塔西"在地球上制造出了第一个"人造黑洞"。美国纽约布鲁克海文实验室 1998 年建造了当时全球最大的粒子加速器，将金离子以接近光速对撞而制造出高密度物质。虽然这个黑洞体积很小，却具备真正黑洞的许多特点。纳斯塔西介绍说，纽约布鲁克海文国家实验室里的相对重离子碰撞机，可以以接近光速的速度把大型原子的核子（如金原子核子）相互碰撞，产生相当于太阳表面温度 3 亿倍的热能。纳斯

TING XING XING CHANG GE

塔西在纽约布鲁克海文国家实验室里利用原子撞击原理制造出来的灼热火球，具备天体黑洞的显著特性。比如：火球可以将周围 10 倍于自身质量的粒子吸收，这比目前所有量力物理学所推测的火球可吸收的粒子数目还要多。

人造黑洞的设想最初由加拿大"不列颠哥伦比亚大学"的威廉·昂鲁教授在 20 世纪 80 年代提出，他认为声波在流体中的表现与光在黑洞中的表现非常相似，如果使流体的速度超过声速，那么事实上就已经在该流体中建立了一个人造黑洞。利昂哈特博士打算制造的人造黑洞由于缺乏足够的引力，除了光线外，它们无法像真正的黑洞那样"吞下周围的所有东西"。然而，纳斯塔西教授制造的人造黑洞已经可以吸收某些其他物质。因此，这被认为是黑洞研究领域的重大突破。

• 欧洲"人造黑洞"

2008年9月10日，随着第一束质子束流贯穿整个对撞机，欧洲大型强子对撞机正式启动。曾有人担心建于欧洲日内瓦的世界最大"大型强子对撞机"会制造出黑洞吞噬地球生物（新闻报道，印度一女孩曾因为担心欧洲大型强子对撞机会制出黑洞毁灭地球而自杀）。尽管欧洲的科学家一再解释这个不会对地球造成威胁，但大型强子对撞机就相当于一个"人造黑洞"制造机器。

欧洲大型强子对撞机是现在世界上最大、能量最高的粒子加速器，是一种将质子加速对撞的高能物理设备，它位于瑞士日内瓦近郊欧洲核子研究组织CERN的粒子

加速器与对撞机，作为国际高能物理学研究之用。系统第一负责人是英国著名物理学家林恩·埃文斯，大型强子对撞机最早就是由他设想出来并主持制造的。埃文斯博士是英国威尔士一位矿工的孩子，当他还是孩子时就表示要做惊天动地的事情。果然没有食言，他终于负责打造出了令世界瞩目的世界最强大的机器——大型强子对撞机，为此他被外界称为"埃文斯原子

能"。

当比我们的太阳更大的特定恒星在生命最后阶段发生爆炸时，自然界就会形成黑洞。它们将大量物质浓缩在非常小的空间内。假设在大型强子对撞机内的质子相撞产生粒子的过程中，形成了微小黑洞，每个质子拥有的能量可跟一只飞行中的蚊子相当。天文学上的黑洞比大型强子对撞机能产生的任何东西的质量更重。据爱因

斯坦的相对论描述的重力性质，大型强子对撞机内不可能产生微小黑洞。然而一些纯理论预言大型强子对撞机能产生这种粒子产品。所有这些理论都预测大型强子对撞机产生的此类粒子会立刻分解。因此它产生的黑洞将没时间浓缩物质，产生肉眼可见的结果。

• 恒星的组合——星座

　　星座是指天上一群在天球上投影的位置相近的恒星的组合。为认星方便，人们按空中恒星的自然分布划成的若干区域。大小不一。每个区域叫作一个星座。用线条连接同一星座内的亮星，形成各种图形，根据其形状，分别以近似的动物、器物命名。人类肉眼可见的恒星有近 6000 颗，每颗均可归入唯一星座。每一个星座可以由其中亮星的构成的形状辨认出来。基本上，将恒星组成星座是一个随意的过程，在不同的文明中有由不同恒星组成的不同星座——虽然部分由较显眼的星所组成的星座，在不同文明中大致相同，如猎户座及天蝎座。

　　不同的文明和历史时期对星座的划分可能不同。现代星座大多由古希腊传统星座演化而来。国际天文学联合会用精确的边界把天空分为 88 个正式的星座，使天空每一颗恒星都属于某一特定星座。这些正式的星座大多根据中世纪传下来的古希腊传统星座为基础。星座在天文学中占重要的地位。

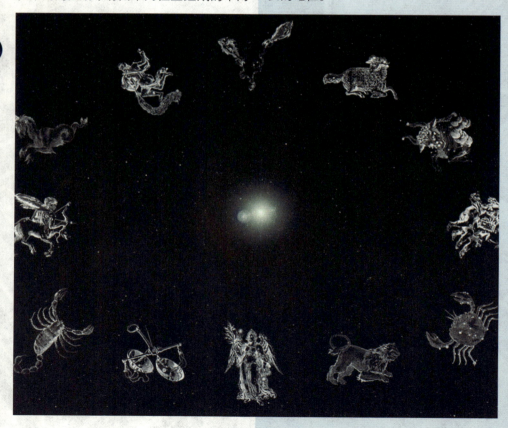

现代星座

仙女座	唧筒座	天燕座	宝瓶座	天鹰座	天坛座	白羊座	御夫座
牧夫座	雕具座	鹿豹座	巨蟹座	猎犬座	大犬座	小犬座	摩羯座
半人马座	仙后座	船底座	仙王座	鲸鱼座	蝘蜓座	圆规座	天鸽座
后发座	南冕座	北冕座	南十字座	巨爵座	乌鸦座	天鹅座	海豚座
剑鱼座	天龙座	小马座	波江座	天炉座	双子座	印第安座	武仙座
时钟座	长蛇座	水蛇座	天鹤座	蝎虎座	狮子座	小狮座	天兔座
豺狼座	显微镜座	天猫座	天琴座	山案座	天秤座	麒麟座	苍蝇座
矩尺座	南极座	蛇夫座	猎户座	南三角座	飞马座	英仙座	凤凰座
绘架座	双鱼座	南鱼座	船尾座	罗盘座	网罟座	天箭座	六分仪座
天蝎座	玉夫座	盾牌座	巨蛇座	人马座	金牛座	船帆座	三角座
孔雀座	杜鹃座	望远镜座	小熊座	大熊座	室女座	飞鱼座	狐狸座

　　1922 年，国际天文学联合会大会决定将天空划分为 88 个星座，其名称基本依照历史上的名称。1928 年，国际天文联合会正式公布了 88 个星座的名称。这 88 个星座分成 3 个天区，北半球 29 个，南半球 47 个，天赤道与黄道附近 12 个。我们现在所熟知的 12 星座就是黄道附近的 12 星座，也称为黄道 12 星座。

占星术被普遍视为没有使用真正科学方法的伪科学。星座的英文是"CONSTELLATION"，意思是"星座"、"星群"；而占星学中所指的星座是"SIGN"，意思是"记号"、"标记"、"象征"。在英汉字典中有这样的翻译："Signs of Zodiac 黄道十二宫"，在《英汉天文学词汇》中也有同样的意译；而在英英字典中，则诠释得更详尽："One of the twelve equal divisions of the Zodiac"，意思是"黄道上十二个均等的部分"。因此，天文历法的十二星座与占星学中所指的星座在实际意义上是不同的。

十二星座即黄道十二宫，是占星学描述太阳在天球上经过黄道的十二个区域，包括白羊座、金牛座、双子座、巨蟹座、狮子座、处女座、天秤座、天蝎座、射手座、摩羯座、水瓶座、双鱼座，虽然蛇夫座也被黄道经过，但不属占星学所使用的黄道十二宫之列，在占星学的黄道十二宫定义只是指在黄道带上12个均分的区域，不同于天文学上的黄道星座。而经国际天文学联合会在1928年规范星座边界后，黄道中共有13个星座。

听星星唱歌

> ## 北极星的文化意义

北极星是天空北部的一颗亮星，离北天极很近，差不多正对着地轴，从地球上看，它的位置几乎不变，可以靠它来辨别方向。由于岁差，北极星并不是永远不变的某一颗星，现在是小熊座 α 星，到公元 14000 年将是织女星。每隔 2000 年，极星要循环一次。比如在麦哲伦航海的时代，北极星距离北天极有约 8 度的角度差，而到今天，北极星更靠近北天极了，角度差只有 40′，天文学家根据地轴摇摆和恒星引力计算，到公元 2100 年，北极星将到达离北极点正上方最近的位置，它距离北天极将只有 28′，然后，北极星就将逐渐远离北天极。

正因为北极星的位置相对稳定，不易变化，所以给人的感觉是忠诚，有着自己的立场。

从人生的角度来说，北极星有着引领我们到达目标的意义，正如它可以让我们分辨方向一样。从爱情的角度来说，北极星象征着坚定，执著和永远的守护。

如果将它拟人化，那么它一定对离它近的那个星有承诺，不然也不会不离不弃地守护，比如月亮，虽然它们离得远，但是北极星还是守护着。所以北极星很坚定，象征着永远不会变!

不同于西方以黄道坐标为中心的天文体系，中国古代发展了以赤道坐标为中心的天文体系，北极星在这一体系中处于天球正北，无疑具有独特的地位，在中国古代往往作为帝王的象征。

北极星是野外活动、古代航海方向的一个很重要指标，也是观星入门辨认方向的首选星座，对天文摄影、观测室赤道仪的准确定位等皆有十分重要的作用。

大熊座

北斗七星

小熊座

北极星

不放光的星——行星

行星通常指自身不发光，环绕着恒星的天体。其公转方向常与所绕恒星的自转方向相同。一般来说行星需具有一定质量，行星的质量要足够大且近似于圆球状，自身不能像恒星那样发生核聚变反应。

行星的定义及演变 〉

行星通常指自身不发光，环绕着恒星的天体。其公转方向常与所绕恒星的自转方向相同。一般来说行星需具有一定质量，行星的质量要足够大（相对于月球）且近似于圆球状，自身不能像恒星那样发生核聚变反应。2007年5月，麻省理工学院一组太空科学研究队发现了已知最热的行星（2040℃）。

随着一些冥王星大小的天体被发现，"行星"一词的科学定义似乎更准确。历史上行星名字来自于它们的位置在天空中不固定，就好像它们在星空中行走一般。太阳系内肉眼可见的5颗行星水星、金星、火星、木星和土星早在史前就已经被人类发现了。16世纪后日心说取代了地心说，人类了解到地球本身也是一颗行星。望远镜被发明和万有引力被发现后，人类又发现了天王星、海王星、冥王星（目前已被重分类为矮行星），还有为数不少的小行星。20世纪末人类在太

阳系外的恒星系统中也发现了行星，截至2012年2月4日，人类已发现758颗太阳系外的行星。

如何定义行星这一概念在天文学上一直是个备受争议的问题。国际天文学联合会大会2006年8月24日通过了"行星"的新定义，这一定义包括以下3点：

1.必须是围绕恒星运转的天体；

2.质量必须足够大，来克服固体应力以达到流体静力平衡的形状（近于球体）；

3.必须清除轨道附近区域，公转轨道范围内不能有比它更大的天体。

按照新的行星定义的第三条来要求，地球可能也会被开除。

这些天文学家指出，如果按照新定义的第三条，那么像是土星、木星这样的行星也不符合定义，也要被"开除"。新的定义第三条说，行星要有足够引力以清空其轨道附近的区域。如果按照这样的定义，地球、土星、木星它们的轨道之间都有很多的小行星，这样它们就不能被认为是"清空轨道附近区域"。

这些参加表决会议的威廉斯大学天文学家杰·帕萨克弗也仍然坚持冥王星是一颗行星。他说："这次会议的精神在于对未来科学发现和行为的规范，但不应是对过去的否定。"

洛威尔天文台主任米李斯也表示，他希望的是增加新的行星，而不是排除冥王星。

行星的形成 >

随着开普勒系外行星探测器的发射升空，人类将在未来一段时期内发现较多的系外行星，会有越来越多的系外行星被发现，而几乎所有新发表的研究成果都涉及到一个问题：这些行星到底是如何形成的？当天文学家发现第一颗系外行星时，太阳系行星形成理论是否同样适用于其他星系，我们已知的行星形成理论是否只是某个框架的一部分，这些问题都困扰着天体物理学。例如，宇宙存在着大量的热木行星，却在现有的理论范围之外。

这将导致科学家重新审视现有的理论结构，重新回到起点进行推演，而目前最大的难题是：宇宙中到底有多少系外行星？我们目前所掌握的行星形成模型的漏洞有多大？针对这些问题，科学家发现阻碍系外行星进一步发现的原因是观测方法上存在问题，目前所采用的引力摇摆法只能发现质量较大的系外行星，而且这些系外行星的轨道必须靠该恒星系统较近。

尽管目前最先进的开普勒系外行星探测器能在一定程度上提升对系外行星

85

的观测发生力度，容易发现距离地球较远且质量较小的行星，但是也只能发现距离恒星较近的行星。然而，有一种用于发现系外行星的新技术，即引力微透镜法，用该方法发现的系外行星质量已经能降至10倍地球质量，且这类系外行星的轨道距离其恒星系统也较远。根据这个方法，一个天文学家小组公布了用于发现系外岩质行星的范围。检索系外行星表，天文学家使用引力微透镜法发现了

13颗系外行星，最新的一颗编号为MOA–2009–BLG–266Lb，通过精确的计算，发现其质量大约只有地球的10倍，公转轨道在3.2个天文单位（一个天文单位为1.5亿千米），而其所在的恒星系统中，恒星的质量大约只有太阳质量的一半。

这个新发现对于系外行星的探索理论是非常重要的。因为这是首次发现这个质量级别的系外行星，科学家将其称为"质量雪线"，这个质量所对应的公转

86

轨道决定了在这颗行星上水是否是液态水，而氨和甲烷是否会冻结成冰，如果具备了液态水的存在的轨道条件，那将极有可能孕育外星生命。但是，这条理论上的"质量雪线"并不是用于衡量外星生命的标准，如果推演到行星形成时期，将使得行星形成坚硬的核结构，而如果超出了这个范围，天文学家估计该行星的形成时间相对而言将非常短暂，若再进一步远离这个范围，行星的密度就会下降。

因此，依据此行星形成理论模型，标准形成质量将达到10倍的地球质量，并在形成初期具有较大的固态物质聚集，而在这个过程中，可进行较慢程度的气体吸积，如果这个过程过快，过于迅速地积累行星材料，其大气结构将变得厚重而崩溃，这个循环的加速将导致这颗行星成为一颗气态行星。

这个行星形成理论模型能否具有广泛的普适性还需要进一步地结合天文观测。通过对与邻近行星系统的对比，判断理论是否符合观测。特别需要点出的是：从这个理论出发，在低质量恒星系统周围，应该不会观测到巨型气态行星，因为气体盘将会在行星大气崩溃导致进一步的吸积效应前消失。天文学家所期待的情况已经被开普勒系外行星探测器所发现的超过500个系外行星观测报告所证实。

此外，按这个"质量雪线"进行观测时，也发现较多的低质量行星，这也支持了在行星形成初期如果没有较低的温度形成固态物质，将在很大程度上阻止行星形成的假说。与此同时，一些新的观测计划也就在不久的将来实现，比如光学引力透镜实验IV(OGLE-IV)探测器即将全面开始运作以及新一代的WISE空间观测天文台将使用更加成熟的微引力透镜进行系外行星观测。

• 行星是从黑洞中产生的？

现在最新的研究认为：行星是从黑洞中产生的，并为此找到了确凿的证据——银河系中央的小型黑洞能够超速"喷射"行星。在此之前，科学家认为只有特大质量黑洞才能以超速喷射行星。

研究人员称，实际上小型黑洞要比特大质量黑洞喷射更多数量的行星。1988年，美国洛斯·阿拉莫斯国家实验室物理学者杰克·希尔斯预言，银河系中央的特大质量黑洞能破坏双子行星平衡，束缚一颗行星，并以超高速将另一颗行星喷射出银河系。自2004年以来，天文学家共发现9颗被特大质量黑洞高速排斥的行星，他们推测这种特大质量黑洞的质量是太阳的360万倍。然而，美国哈佛·史密森天文物理中心赖安·奥利里和阿维·利奥伯从事的研究表明，银河系中央许多小型黑洞喷射出大量行星。

这些小型黑洞的质量大约只有太阳的10倍，一些研究认为银河系中央至少有25 000个小型黑洞围绕在特大质量黑洞附近。当某些小型黑洞将行星喷射出银河系时，它们会进一步地靠近特大质量黑洞。利奥伯说，"小型黑洞比特大质量黑洞排斥喷射行星的速度更快！研究被喷射行星的轨迹和速度将有助于天文学家测定多少黑洞会喷射行星以及它们是如何排斥喷射行星的。"同时，他们也承认开展此项研

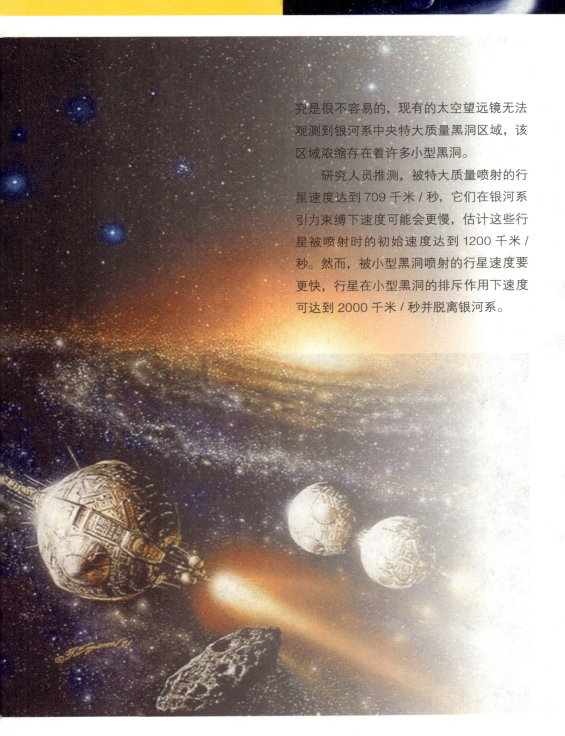

究是很不容易的，现有的太空望远镜无法观测到银河系中央特大质量黑洞区域，该区域浓缩存在着许多小型黑洞。

研究人员推测，被特大质量喷射的行星速度达到 709 千米 / 秒，它们在银河系引力束缚下速度可能会更慢，估计这些行星被喷射时的初始速度达到 1200 千米 / 秒。然而，被小型黑洞喷射的行星速度要更快，行星在小型黑洞的排斥作用下速度可达到 2000 千米 / 秒并脱离银河系。

小行星 >

小行星是太阳系内类似行星环绕太阳运动，但体积和质量比行星小得多的天体。小行星是太阳系形成后的物质残余。有一种推测认为，它们可能是一颗神秘行星的残骸，这颗行星在远古时代遭遇了一次巨大的宇宙碰撞而被摧毁。但从这些小行星的特征来看，它们并不像是曾经集结在一起。如果将所有的小行星加在一起组成一个单一的天体，那它的直径只有不到 1500 千米——比月球的半径还小。

至今为止在太阳系内已经发现了约70万颗小行星，但这可能仅是所有小行星中的一小部分，只有少数这些小行星的直径大于100千米。直径超过 240 千米的小行星约有 16 个。它们都位于地球轨道内侧到土星的轨道外侧的太空中。而绝大多数的小行星都集中在火星与木星轨道之间的小行星带。其中一些小行星的运行轨道与地球轨道相交，曾有某些小行星与地球发生过碰撞。到20世纪90年代为止最大的小行星是谷神星，但近年在柯

90

伊伯带内发现的一些小行星的直径比谷神星要大，比如2000年发现的伐楼那的直径为900千米，2002年发现的夸欧尔直径为1280千米，2004年发现的2004 DW的直径甚至达1800千米。2003年发现的塞德娜（小行星90377）位于柯伊伯带以外，其直径约为1500千米。微型小行星则只有鹅卵石一般大小。

太阳系中的8八大行星 ❯

　　一般来说，行星的直径必须在800千米以上，质量必须在5亿亿吨以上。按照这一定义，目前太阳系内有8颗行星，分别是：水星Mercury、金星Venus、地球Earth、火星Mars、木星Jupiter、土星Saturn、天王星Uranus、海王星Neptune。离太阳最近的行星是水星，以下依次是金星、地球、火星、木星、土星、天王星、海王星。从行星起源于不同形态的物质出发，可以把八大行星分为3类：类地行星(包括水、金、地、火)、巨行星(木、土)及远日行星(天王、海王)。行星环绕恒星的运动称为公转，行星公转的轨道具有共面性、同向性和近圆性三大特点。所谓共面性，是指八大行星的公转轨道面几乎在同一平面上；同向性，是指它们朝同一方向绕恒星公转；而近圆性是指它们的轨道和圆相当接近。

国际天文学联合会下属的行星定义委员会称，不排除将来太阳系中会有更多符合标准的天体被列为行星。目前在天文学家的观测名单上有可能符合行星定义的太阳系内天体就有10颗以上。在新的行星标准之下，行星定义委员会还确定了一个新的次级定义——"类冥王星"。这是指轨道在海王星之外、围绕太阳运转周期在200年以上的行星。在符合新定义的12颗太阳系行星中，冥王星、"卡戎"和"2003UB313"都属于"矮行星"。

　　天文学家认为，"矮行星"的轨道通常不是规则的圆形，而是偏心率较大的椭圆形。这类行星的来源，很可能与太阳系内其他行星不同。随着观测手段的进步，天文学家还有可能在太阳系边缘发现更多大天体。未来太阳系的行星名单如果继续扩大，新增的也将是"矮行星"。

失去行星地位的冥王星

曾经位居太阳系九大行星末席70多年的冥王星，自发现之日起地位就备受争议。新的天文发现不断使"九大行星"的传统观念受到质疑。天文学家先后发现冥王星与太阳系其他行星的一些不同之处。冥王星所处的轨道在海王星之外，属于太阳系外围的柯伊伯带，这个区域一直是太阳系小行星和彗星诞生的地方。20世纪90年代以来，天文学家发现柯伊伯带（凯珀带）有更多围绕太阳运行的大天体。比如，美国天文学家布朗发现的"2003UB313"，就是一个直径和质量都超过冥王星的天体。

2006年8月24日，根据国际天文学联合会大会通过的新定义，"行星"指的是围绕太阳运转、自身引力足以克服其刚体力而使天体呈圆球状并且能够清除其轨道附近区域的天体。经过天文学界多年的争论以及本届国际天文学联合会大会上数天的争吵，冥王星终于"惨遭降级"，被驱逐出了行星家族。从此之后，这个游走在太阳系边缘的天体只能与其他一些差不多大的"兄弟姐妹"一道被称为"矮行星"。其他围绕太阳运转但不符合上述条件的天体被统称为"太阳系小天体"。

- 矮行星的定义：

    a. 天体；

    b. 围绕太阳运转；

    c. 自身引力足以克服其刚体力而使天体呈圆球状；

    d. 不能够清除其轨道附近的其他物体；

    e. 不是卫星。

    太阳系内符合这一定义的包括：谷神星、冥王星、齐娜（即阋神星）、鸟神星、妊神星，总计 5 颗。

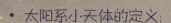

- 太阳系小天体的定义:

  a. 天体;

  b. 围绕太阳运转;

  c. 不符合行星和矮行星的定义。

  原来的小行星、彗星等全部归入太阳系小天体的范畴。

肉眼可见的5颗行星 >

　　行星是自身不发光的，环绕着恒星的天体。一般来说行星需要具有一定的质量，行星的质量要足够的大，以至于它的形状大约是圆球状，质量不够的被称为小行星。"行星"这个名字来自于它们的位置在天空中不固定，就好像它们在行走一般。

　　太阳系内的肉眼可见的5颗行星是：水星、金星、火星、木星、土星。在一些行星的周围，存在着围绕行星运转的物质环，它们是由大量小块物体（如岩石、冰

块等）构成，因反射太阳光而发亮，被称为行星环。20世纪70年代之前，人们一直以为唯独土星有光环，以后相继发现天王星和木星也有光环，这为研究太阳系起源和演化提供了新的信息。

　　卫星是围绕行星运行的天体，月亮就是地球的卫星。卫星反射太阳光，但除了月球以外，其他卫星的反射光都非常微弱。卫星在大小和质量方面相差悬殊，它们的运动特性也很不一致。在太阳系中，除了水星和金星以外，其他行星各自都有数目不等的卫星。

　　在火星与木星之间分布着数十万颗大小不等、形状各异的小行星，沿着椭圆

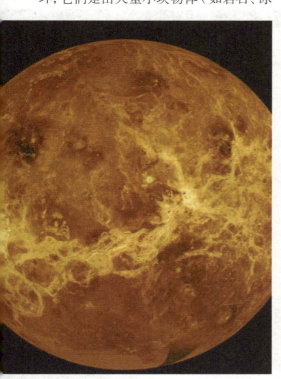

轨道绕太阳运行，这个区域称之为小行星带。此外，太阳系中还有数量众多的彗星，至于飘浮在行星际空间的流星体就更是无法计数了。

这个小行星带和太阳的距离为1.7~4.0天文单位，其中天体的公转周期为3~6年。曾经一度认为小行星带是一颗行星破裂后的碎片。但现在看来，小行星更可能是形成了行星的那类太空碎石，所以小行星带是演化失败的行星，而不是炸碎的行星。

尽管太阳系内天体品种很多，但它们都无法和太阳相比。太阳是太阳系光和能量的源泉。也是太阳系中最庞大的天体，其半径大约是地球半径的109倍，或者说是地月距离的1.8倍。太阳的质量比地球大33万倍，占到太阳系总质量的99.9%，是整个太阳系的质量中心，它以自己强大的引力将太阳系里的所有天体牢牢控制在其周围，使它们不离不散，并井然有序地绕自己旋转。同时，太阳又作为一颗普通的恒星，带领它的成员，万古不息地绕银河系的中心进行运动。

类地行星 〉

类地行星有水星、金星、地球和火星。顾名思义，类地行星的许多特性与地球相接近，它们离太阳相对较近，质量和半径都较小，平均密度则较大。类地行星的表面都有一层硅酸盐类岩石组成的坚硬壳层，有着类似地球和月球的各种地貌特征。对于没有大气的星球（如水星），其外貌类似于月球，密布着环形山和沟纹；而对于像有浓密大气的金星，则其表面地形更像地球。

行星早在史前就已经被人类发现了。后来人类了解到，地球本身也是一颗行星。

巨行星和远日行星 ❯

　　木星和土星是行星世界的巨人，称为巨行星。它们拥有浓密的大气层，在大气之下却并没有坚实的表面，而是一片沸腾着的氢组成的"汪洋大海"。所以它们实质上是液态行星。天王星、海王星这两颗遥远的行星称为远日行星，是在望远镜发明以后才被发现的。它们拥有主要由分子氢组成的大气，通常有一层非常厚的甲烷冰、氨冰之类的冰物质覆盖在其表面上，再以下就是坚硬的岩核。

拖着扫把的星——彗星

彗星，俗象其形而名之曰扫把星。人们往往把战争、瘟疫等灾难归罪于彗星的出现，但这是毫无科学根据的。《春秋》记载，公元前613年，"有星孛入于北斗"，这是世界上公认的首次关于哈雷彗星的确切记录，比欧洲早630多年。虽然彗星威力巨大，但撞击地球的可能性是微乎其微的。

彗星的形成 〉

彗星的起源是个未解之谜。有人提出，在太阳系外围有一个特大彗星区，那里约有1000亿颗彗星，叫奥尔特云，由于受到其他恒星引力的影响，一部分彗星进入太阳系内部，又由于木星的影响，一部分彗星逃出太阳系，另一些被"捕获"成为短周期彗星；也有人认为彗星是在木星或其他行星附近形成的；还有人认为彗星是在太阳系的边远地区形成的；甚至有人认为彗星是太阳系外的来客。因为周期彗星一直在瓦解着，必然有某种产生新彗星以代替老彗星的方式。

可能发生的一种方式是在离太阳105天文单位的半径上储藏有几十亿颗以各种可能方向绕太阳作轨道运动的彗星群。这个概念得到观测的支持，观测到非周期彗星以随机的方向沿着非常长的椭圆形轨道接近太阳。随着时间的推移，由于过路的恒星给予的轻微引力，可以扰乱遥远彗星的轨道，直至它的近日点的距离变成小于几个天文单位。当彗星随后进入太阳系时，太阳系内的各行星的万有引力的吸力能把这个非周期彗星转变成新的周期彗星（它瓦解前将存在几千年）。

另一方面，这些力可将它完全从彗星云里抛出。如果这说法正确，过去几个世纪以来1000颗左右的彗星记录只不过是巨大彗星云中很少一部分样本，这种云迄今尚未直接观察到。与个别恒星相联系的这种彗星云可能遍及我们所处的银河系内。迄今还没有找到一种方法来探测可能与太阳结成一套的大量彗星，更不用说那些与其他恒星结成一套的彗星云了。彗星云的总质量还不清楚，不只是彗星总数很难确定，即使单个彗星的质量也很不确定。估计彗星云的质量在10~13至10~3地球质量之间。

的球壳状地带，有数以万亿计的彗星存在，这些彗星是太阳系形成时的残留物。有些欧特彗星偶尔受到"路过"的星体的影响，或彼此间的碰撞，离开了原来的轨道。大多数的离轨彗星，从未进入用大型望远镜可侦测的距离。只有少数彗星，以各式各样的轨道进入内太阳系。不过到目前为止，欧特云理论仅是假设，尚无直接的观测证据。欧特云理论可以合理地解释长周期彗星的来源和这些彗星与黄道面夹角的随意性。但短周期彗星的轨道在太阳系行星的轨道面上，欧特云理论无法合理解答短周期彗星的起源。1951年，美国天文学家Gerard Kuiper提议在距离太阳30~100 AU之间有一柯伊伯带，带上有许多绕行太阳的冰体，这些冰体的轨道面与行星相似，偶尔

现在广为天文学家接受的理论认为，太阳系大家族包括八大行星与外围的柯伊伯带与欧特云。长周期彗星可能来至欧特云而短周期彗星可能来自柯伊伯带(Kuiper Belt, 亦称凯伯带)。

在1950年，荷兰的天文学家Jan Oort提出在距离太阳30 000 AU到1光年之间

有些柯伊伯带物体受到外行星的重力扰动与牵引，而向太阳的方向运行，在越过海王星的轨道时，更进一步受海王星重力的影响，而进入内太阳系成为短周期彗星。

天文学家David Jewitt与Jane Luu自1988年起，以能侦测极昏暗物体的高灵敏度电子摄影机，寻找柯伊伯带物体。他们在1992年找到第一个这类物体(1992 QB1)，1992 QB1距太阳的平均距离为43AU，而公转的周期为291年。柯伊伯带天体又常被称为是海王星外天体。自1992年至2002年10月为止，陆续又发现了600多个柯伊伯带天体(最新的列表可参见MPC的List Of Transneptunian Objects。在现阶段，天文学家认为冥王星、冥卫一和海卫一，可能都是进入太阳系内部的柯伊伯带天体，而最近发现的瓜奥瓦，其大小约有冥王星的一半。

太阳系的起源

　　太阳系的前身，是气体与尘埃所组成的一大团云气，在 46 亿年前，这团云气或许受到超新星爆炸震波的压缩，开始缓慢旋转与陷缩成盘状，圆盘的中心是年轻的太阳。盘面的云气颗粒相互碰撞，有相当比率的物质凝结成为行星与它们的卫星，另有部分残存的云气物质凝结成彗星。

　　当太阳系还很年轻时，彗星可能随处可见，这些彗星常与初形成的行星相撞，对年轻行星的成长与演化，有很深远的影响。地球上大量的水，可能是与年轻地球相撞的许多彗星之遗产，而这些水，后来更孕育了地球上各式各样的生命。

　　太阳系形成后的 40 多亿年中，靠近太阳系中心区域的彗星，或与太阳、行星和卫星相撞，或受太阳辐射的蒸发，已消失殆尽，我们现在所见的彗星应来自太阳系的边缘。如假设残存在太阳系外围的彗星物质，历经数十亿年未变，则研究这些彗星有助于了解太阳系的原始化学组成与状态。

彗星的结构 >

彗星没有固定的体积，它在远离太阳时，体积很小；接近太阳时，彗发变得越来越大，彗尾变长，体积变得十分巨大。彗尾最长竟可达2亿多千米。彗星的质量非常小，彗核的平均密度为每立方厘米1克。彗发和彗尾的物质极为稀薄，其质量只占总质量的1%~5%，甚至更小。彗星物质主要由水、氨、甲烷、氰、氮、二氧化碳等组成，而彗核则由凝结成冰的水、二氧化碳（干冰）、氨和尘埃微粒混杂组成，是个"脏雪球"！

一般彗星是由彗头和彗尾两大部分组成的。

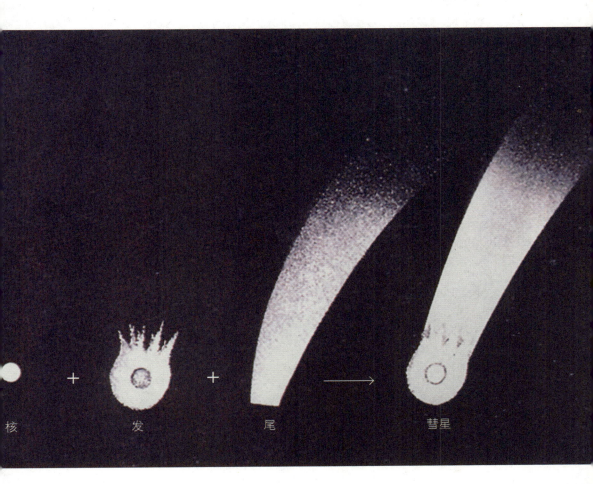

核　　　　＋　　　　发　　　　＋　　　　尾　　　　⟶　　　　彗星

• 彗头

彗头又包括彗核和彗发两部分。后来自 1920 年探空火箭、人造卫星和宇宙飞船对彗星近距离的探测，又发现有的彗星在彗发的外面被一层由氢原子组成的巨云所包围，人们称为"彗云"或"氢云"。这样我们就可以说彗头实际是由彗核、彗发和彗云组成的。

彗核：是彗星最中心、最本质、最主要的部分。一般认为是固体，由石块、铁、尘埃及氨、甲烷、冰块组成。彗核直径很小，有几千米至十几千米，最小的只有几百米。

彗发：是彗核周围由气体和尘埃组成星球状的雾状物。半径可达几十万千米，平均密度小于地球大气密度的十亿亿分之一（约 1 克 / 立方厘米）。通过光谱和射电观测发现，彗发中气体的主要成分是中性分子和原子，其中有氢、羟基、氧、硫、碳、一氧化碳、氨基、氰、钠等，还发现有比较复杂的氰化氢(HCN)和甲基氰(CH_3CN)等化合物。这些气体以平均 1~3 千米 / 秒的速度从中心向外流出。

彗云：是在彗发外由氢原子组成的云，人们又称为氢云。直径可达 100 万 ~1000 万千米，但是有的彗星没有彗云。

根据彗头的形状和组成特点，可分为"无发彗头"、球茎形彗头、锚状彗头等等。

• 彗尾

彗尾是在彗星接近太阳大约 3 亿千米（2 个天文单位）开始出现，逐渐由小变大变长。当彗星过近日点（即彗星走到距太阳最近的一点）后远离太阳时，彗尾又逐渐变小，直至没有。彗尾的方向一般总是背着太阳延伸的，当彗星接近太阳时，彗尾是拖在后边，当彗星离开太阳远走时，彗尾又成为前导。彗尾的体积很大，但物质却很稀薄。彗尾的长度、宽度也有很大差别，一般彗尾长在 1000 万至 1.5 亿千米之间，有的长得让人吃惊，可以横过半个天空，如 1842 I 彗星的彗尾长达 3.2 亿千米，可以从太阳伸到火星轨道。一般彗尾宽在 6000~ 8000 千米之间，最宽达

2400 万千米，最窄只有 2000 千米。

根据彗尾的形状和受太阳斥力的大小，彗尾分为两大类。一类为"离子彗尾"由离子气体组成，如一氧化碳、氢、二氧化碳、碳、氢基和其他电离的分子。这类彗尾比较直，细而长，因此又称为"气体彗尾"或 I 型彗尾。另一类为"尘埃彗尾"，是由微尘组成，呈黄色，是在太阳光子的辐射压力下推斥微尘而形成。彗尾是弯曲的，弯曲较大，较宽的又称为 II 型彗尾；弯曲程序最大，又短又宽的又称为 III 型彗尾。此外还有一种叫"反常彗尾"，彗尾是朝向太阳系方向延伸的扇状或长钉状。一般 1 颗彗星有 2 条以上的不

> **彗尾的产生**

　　彗尾被认为是由气体和尘埃组成，4 个联合的效应将它从彗星上吹出：

　　（1）当气体和伴生的尘埃从彗核上蒸发时所得到的初始动量。

　　（2）阳光的辐射压将尘埃推离太阳。

　　（3）太阳风将带电粒子吹离太阳。

　　（4）朝向太阳的万有引力吸力。

　　这些效应的相互作用使每个彗尾看上去都不一样。当然，物质蒸发到彗发和彗尾中去，消耗了彗核的物质。有时以爆发的方式出现，比拉彗星就是那样；1846 年它通过太阳时破裂成两个，1852 年那次通过以后就全部消失。

彗星的轨道 〉

彗星在扁长轨道（极少数在近圆轨道）上绕太阳运行，它的轨道有椭圆、抛物线、双曲线3种。椭圆轨道的彗星又叫周期彗星，另两种轨道的又叫非周期彗星。周期彗星又分为短周期彗星和长周期彗星。一般彗星由彗头和彗尾组成。彗头包括彗核和彗发两部分，有的还有彗云。并不是所有的彗星都有彗核、彗发、彗尾等结构。我国古代对于彗星的形态已很有研究，在长沙马王堆西汉古墓出土的帛书上就画有29幅彗星图。在晋书《天文志》上清楚地说明彗星不会发光，系因反射太阳光而为我们所见，且彗尾的方向背向太阳。彗星的体形庞大，但其质量却小得可怜，就连大彗星的质量也不到地球的万分之一。由于彗星是由冰冻着的各种杂质、尘埃组成的，在远离太阳时，它只是个云雾状的小斑点；而在靠近太阳时，因凝固体的蒸发、气化、膨胀、喷发，它就产生了彗尾。彗尾体积极大，可长达上亿千米。它形状各异，有的还不止一条，一般总向背离太阳的方向延伸，且越靠近太阳彗尾就越长。宇宙中彗星的数量极大，但目前观测到的仅约有1600

TING XING XING CHANG GE

颗。彗星的轨道与行星的轨道很不相同，它是极扁的椭圆，有些甚至是抛物线或双曲线轨道。轨道为椭圆的彗星能定期回到太阳身边，称为周期彗星；轨道为抛物线或双曲线的彗星，终生只能接近太阳一次，而一旦离去，就会永不复返，称为非周期彗星，这类彗星或许原本就不是太阳系成员，它们只是来自太阳系之外的过客，无意中闯进了太阳系，而后又义无反顾地回到茫茫的宇宙深处。周期彗星又分为短周期（绕太阳公转周期短于200年）和长周期（绕太阳公转周期超过200年）彗星。

目前，已经计算出600多颗彗星的轨道。彗星的轨道可能会受到行星的影响，产生变化。当彗星受行星影响而加速时，它的轨道将变扁，甚至成为抛物线或双曲线，从而使这颗彗星脱离太阳系；当彗星减速时，轨道的偏心率将变小，从而使长周期彗星变为短周期彗星，甚至从非周期彗星变成了周期彗星以致被"捕获"。

彗星的性质 ＞

彗星的性质还不能确切知道，因为它藏在彗发内，不能直接观察到，但我们可由彗星的光谱猜测它的一些性质。通常，这些谱线表明存在有OH、NH和NH_2基团的气体，这很容易解释为最普通的元素C、N和O的稳定氢化合物，即CH_4、NH_3和H_2O分解的结果，这些化合物冻结的冰可能是彗核的主要成分。科学家相信各种冰和硅酸盐粒子以松散的结构散布在彗核中，有些像脏雪球那样，具有约为0.1克/立方厘米的密度。当冰受热蒸发时它们遗留下松散的岩石物质，所含单个粒子其大小大约从104厘米到105厘米之间。当地球穿过彗星的轨道时，我们将观察到的这些粒子看作是流星。有理由相信彗星可能是聚集形成了太阳和行星的星云中物质的一部分。因此，人们很想设法获得一块彗星物质的样本来作分析，以便对太阳系的起源知道得更多。这一计划理论上可以做到，如设法与周期彗星在空间做一次会合。目前这样的计划正在研究进行中。

彗星的亮度 〉

彗星需要测光的有3个部分：核、彗头和彗尾。由于彗尾稀薄、反差小，呈纤维状，对它测光是十分困难的，因此彗尾测光不作为常规观测项目。通常所谓彗星测光是测量彗星头部（即总星等M1）和核（即核星等M2）的亮度。彗核常常是看不到的，或者彗头中心部分凝结度很高，彗核分辨不清等等原因，彗核的测光相对来说要困难些。另外，我们所指的彗星测光不仅是测量它的光度，记录测量时刻，而且要密切监视彗星亮度变化，记下突变时刻，所有这些资料对核性质的分析是十分有用的。

估计彗星亮度的几种方法：

1. 博勃罗尼科夫方法（B法）

使用这个方法时，观测者先要选择几个邻近彗星的比较星（有一些比彗星亮，有些比彗星暗）。然后按下面步骤：

（1）调节望远镜的焦距，使恒星和彗星有类似的视大小（即恒星不在望远镜的焦平面上，成焦外像，称散焦）。

（2）来回调节焦距，在一对较亮和较暗恒星之间内插彗星等（内插方法见莫里斯方法）。

（3）在几对比较星之间，重复第二

步。

（4）取第二和第三步测量的平均值，记录到0.1星等。

2. 西奇威克方法（S法）

当彗星太暗，用散焦方法不能解决问题时，可使用此法。

（1）熟记在焦平面上彗发的"平均"亮度（需要经常实践，这个"平均"亮度可能对不同观测者是不完全一样的）。

（2）对一个比较星进行散焦，使其视大小同于对焦的彗星。

（3）比较散焦恒星的表面亮度和记住的对焦的彗发的平均亮度。

（4）重复第二和第三步，一直到一颗相配的比较星找到，或对彗发讲，一种合理的内插能进行。

3. 莫里斯方法（M法）

这个方法主要是把适中的散焦彗星直径同一个散焦的恒星相比较。它是前面两种方法的综合。

（1）散焦彗星头部，使其近似有均匀的表面亮度。

（2）记住第一步得到的彗星星像。

（3）把彗星星像大小同在焦距外的比较星进行比较，这些比较星比起彗星更为散焦。

（4）比较散焦恒星和记住的彗星星像表面亮度，估计彗星星等。

（5）重复第一步至第四步，直到能估计出一个近似到0.1星等的彗星亮度。

另外，还有拜尔方法，由于利用这个方法很困难，以及此法对天空背景亮度非常灵敏，目前一般不使用它来估计彗星的亮度了。

当一个彗星的目视星等是在两比较星之间时，可用如下的内插方法。估计彗星亮度同较亮恒星亮度之差数，以两比较量的星等差的1/10级差来表示。用比较星的星等之差乘上这个差数，再把这个乘积加上较亮星的星等，四舍五入，就可得到彗星的目视星等。例如，比较星

A和B的星等分别是7.5和8.2，其星等差8.2—7.5=0.7。若彗星亮度在A和B之间，差数约为6×1/10，于是估计的彗星星等为：0.6×0.7+7.5=0.42+7.5=7.92，约等于7.9。

应用上面3种方法估计彗星星等时，应参考标注大量恒星星等的星图，如AAVSO星图（美国变星观测者协会专用星图）。该星图的标注极限为9.5等，作为彗星亮度的比较星图是合适的。那些明显是红色的恒星，不用作比较星。使用该星图时，应注意到星等数值是不带小数位的，如88，就是 8.8等。另外，星等数值分为划线和不划线两种，划线的表示光电星等。如33，表示光电星等3.3等，在记

录报告上应说明。

　　另外，SAO星表或其他有准确亮度标识的电子星图中的恒星也可作为估计彗星亮度的依据。细心的观测者，还可以进行"核星等"的估计。使用一架15厘米或口径再大一些的望远镜，要具有较高放大率。进行观测时，观测者的视力要十分稳定，而且在高倍放大情况下，核仍要保持恒星状才行。把彗核同在焦点上的比较星进行比较，比较星图还是用上述星图。利用几个比较星，估计的星等精确度可达到0.1等。彗星的核星等对研究彗核的自转、彗核的大小等有一定的参考价值。

彗星的命名规则 〉

在1995年前，彗星是依照每年的发现先后顺序以英文小写排列。如1994年发现第一颗彗星就是1994a，依此类推，经过一段时间观测，确定该彗星的轨道并修正后，就以该彗星过近日点的先后次序，以罗马数字Ⅰ、Ⅱ等排在年之后（这种编号通常是该年结束后两年才能编好）。如舒梅克·利维九号彗星的编号为1993e和1994X。

在给予周期彗星一个永久编号之前，该彗星被发现后需要再通过一次近日点，或得到曾经通过的证明，方能得到编号。例如编号"153P"的池谷·张彗星，其公转周期为360多年，因证明与1661年出现的彗星为同一颗，因而获得编号。

除了编号外，彗星通常是以发现者姓氏来命名。一颗彗星最多只能冠以3个发现者的名字，舒梅克·利维九号彗星的英文名称为Shoemaker-Levy 9。

还有少数彗星以其轨道计算者来命名，例如编号为"1P"的哈雷彗星，"2P"的恩克彗星和"27P"的克伦梅林彗星。

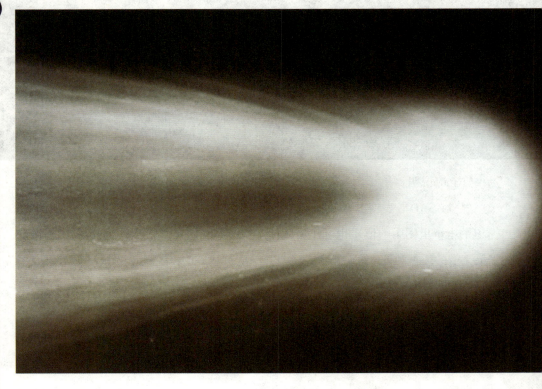

TING XING XING CHANG GE

同时彗星的轨道及公转周期会因受到木星等大型天体影响而改变，它们也有因某种原因而消失，无法再被人们找到，包括在空中解体碎裂、行星引力、物质通过彗尾耗尽等。

由1995年起，国际天文联合会参考小行星的命名法则，采用以半个月为单位，按英文字母顺序排列的新彗星编号法。以英文全部字母去掉I和Z不用将剩下的24个字母的顺序，如1月份上半月为A、1月份下半月为B，依此类推至12月下半月为Y。

以1、2、3等数字序号编排同一个半月内所发现的彗星。此外为方便识别彗星的状况，于编号前加上标记：

A/ 可能为小行星

P/ 确认回归1次以上的短周期彗星，P前面再加上周期彗星总表编号（如哈雷彗星为1P/1982 U1或简称1P亦可）

C/ 长周期彗星（200年周期以上，如海尔·波普彗星为C/1995 O1）

X/ 尚未算出轨道根数的彗星

D/ 不再回归或可能已消失了的彗星（如舒梅克·利维九号彗星为D/ 1993 F2）

附 S/ 新发现的行星之卫星

如果彗星破碎，分裂成彗核，则在编号后加上-A、-B等以区分每个彗核。回归彗星方面，如彗星再次被观测到回归时，则在P/（或可能是D/）前加上一个由IAU小行星中心给定的序号，以避免该彗星回归时重新标记。例如哈雷彗星有以下标记：1P/1682 Q1=1P/1910 A2=1P/1982 U1=1P/Halley=哈雷彗星。

彗星、流星、陨石的关系 ＞

流星和彗星没有必然联系，但大都是彗星尾迹产生的。流星是行星际空间的尘粒和固体块（流星体）闯入地球大气圈同大气摩擦燃烧产生的光迹。若它们在大气中未燃烧尽，落到地面后就称为"陨星"或"陨石"。流星体原是围绕太阳运动的，在经过地球附近时，受地球引力的作用，改变轨道，从而进入地球大气圈。许多流星从星空中某一点(辐射点)向外辐射散开，这就是流星雨。

陨石是太阳系中较大的流星体闯入地球大气后未完全燃烧尽的剩余部分，它给我们带来丰富的太阳系天体形成演化的信息，是受人欢迎的不速之客。每天都约有数十亿、上百亿流星体进入地球大气，它们总质量可达20吨。

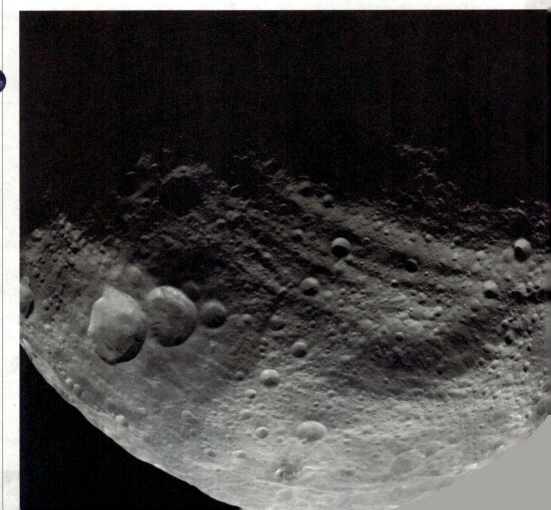

⟩ 流星变陨石？

　　地球会经常遭遇外来小天体，这些小天体进入地球大气层后会和地球大气剧烈摩擦并燃烧，这就是流星。如果流星还没有燃烧完就落到了地面上，那就是陨石。陨石按照其主要化学成分为石陨石、铁陨石和石铁陨石 3 种。

　　它们的半径和质量彼此相差很大，不能一概而论。如果撞击地球的小天体直径在 10 千米以上，那么其造成的破坏将和当年恐龙灭绝那次一样。

● 最美的星——流星

流星 ＞

太阳系内除了太阳、八大行星及其卫星、小行星、彗星外，在行星际空间还存在着大量的尘埃微粒和微小的固体块，它们也绕着太阳运动。在接近地球时由于地球引力的作用会使其轨道发生改变，这样就有可能穿过地球大气层。或者，当地球穿越它们的轨道时也有可能进入地球大气层。由于这些微粒与地球相对运动速度很高（11~72千米/秒），与大气分子发生剧烈摩擦而燃烧发光，在夜间天空中表现为一条光迹，这种现象就叫流星，一般发生在距地面高度为80~120千米的高空中。流星通常是宇宙空间闯入地球大气层的宇宙沙粒，它在空气中高速运动以致能够打掉空气原子中的电子，从而在其周围形成一个等离子

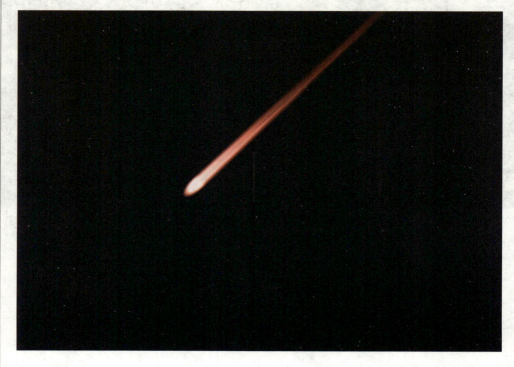

星现象的微粒称为流星体，所以流星和流星体是两种不同的概念。

流星包括单个流星（偶发流星）、火流星和流星雨3种，比绿豆大一点的流星体进入大气层就能形成肉眼可见亮度的流星。大约92.8%的流星的主要成分是二氧化硅（也就是普通岩石），5.7% 是铁和镍，其他流星是这3种物质的混合物。流星体原是围绕太阳运动的，在经过地球附近时，受地球引力的作用，改变轨道，从而进入地球大气圈。在夜空中看到的单个出现的流星，在时间和方向上没有什么周期性和规律，这种流星叫作偶发流星。如果流星以尘埃的形式飘浮在大气中并最终落到地面上，就称为微陨星。

流星体的质量一般很小，大部分可见的流星体都和沙粒差不多，重量在1克以下。流星进入大气层的速度介于11~72km/s之间。比如产生5等亮度流星的流星体直径约0.5cm，质量0.06毫克。肉眼可见的流星体直径在0.1~1cm之间。它们与大气的相对速度与流星体进入地球的方向有关，如果与地球迎面相遇，速度可超过每秒70千米，如果是流星体赶上地球或地球赶上流星体而进入大气，相对速度为每秒10余千米。但即使每秒

区（又称电离气）。等离子区是由裸露的原子和自由电子组成的。在大约1秒钟量级的时间内，自由电子再次与原子结合并释放能量，这能量正是迫使它离开初始位置时所需的能量，在结合过程中放出的能量是流星尾巴发光的能量来源。流星中特别明亮的又称为火流星。造成流

10千米的速度也已高出子弹出枪膛速度的10倍, 足以与大气分子、原子碰撞、摩擦而燃烧发光, 形成流星而为我们看到。大部分流星体在进入大气层后都气化殆尽, 只有少数大而结构坚实的流星体才能因燃烧未尽而有剩余固体物质降落到地面, 这就是陨星。特别小的流星体因与大气分子碰撞产生的热量迅速辐射掉, 不足以使之气化, 据观测资料估算, 每年降落到地球上的流星体, 包括气化物质和微陨星, 总质量约有20万吨之巨! 这是否会使地球不断变 "胖" 呢? 地球质量约为 6×10^{21} 吨。由于流星体下落使地球 "体重" 的增加在50亿年时间内的总量约为 3.3×10^{17} 吨, 或者说使地球质量增加了两万分之一, 相当于体重100千克的大胖子增加5克。可见其实在是微不足道。沿同一轨道绕太阳运行的大群流星体, 称为流星群。其中石质的叫陨石; 铁质的叫陨铁。

火流星 >

火流星看上去非常明亮，像条闪闪发光的巨大火龙，发着"沙沙"的响声，有时还有爆炸声。有的火流星甚至在白天也能看到。火流星的出现是因为它的流星体质量较大（质量大于几百克），进入地球大气后来不及在高空燃尽而继续闯入稠密的低层大气，以极高的速度和地球大气剧烈摩擦，产生出耀眼的光亮，并且通常会在空中走出"S"形路径。火流星消失后，在它穿过的路径上，会留下云雾状的长带，称为"流星余迹"；有些余迹消失得很快，有的则可存在几秒钟到几分钟，甚至长达几十分钟。

火流星的亮度在−3等以上，质量在5克以上的大流星。因像火球，故名。因为母体较大，常可进入大气底层甚至成为陨星，更大的火流星还伴有声响，以致在白天也可见。一些特大的火流星可能是小行星或彗星的残骸造成的。

> ### 人类发现的火流星

1930年前苏联伏尔加河上空出现一次罕见的火流星。当年4月30日下午1时，人们突然看到天上飞来一个圆圆的"火球"，比月球稍小一些，后面拖着一条长长的"火链"，约飞行了5钞钟就消逝了。在消失的地方升起一股烟云，逐渐变浓，持续5分钟，直到烟消云散之后，人们还听到剧烈的轰鸣声，犹如发射火炮，一直延续了半分钟之久。

1963年7月3日晚，中国北京天文馆上空出现了一颗火流星，北京天文馆工作人员曾用一幅油画将它描绘出来。由于陨石高温后解体，造成那次火流星出现爆闪现象。

1978年3月8日的中国东北地区吉林陨石雨，最初表现为伴有闷雷般轰鸣声的一个光耀夺目的大火球（即火流星），它在空中爆裂后成为一场罕见的陨石雨。

2004年12月11日晚，中国西北兰州市很多市民看到空中一个满月大小的白色球状发光体由西向东快速地划过天空，而且还伴随着巨大的爆炸声。尽管当时有成百上千名目击者，警方也出动了大批人力搜索，在兰州市的榆中、西固等地也发现了"可疑"的陨石碎片踪迹，但始终没有找到可以确证的陨石碎片。

2011年9月14日晚，美国西南部夜空出现一道耀眼的强光，科学家怀疑这是小行星碎片进入地球大气层后燃烧形成的火流星。

2011年11月30日傍晚时分，一金色"不明飞行物"在中国北方低空出现，移动速度飞快，天津、北京、河北等地一些市民目睹了这一幕。天文专家表示，这是一颗罕见的超亮火流星。

流星雨 >

• 流星雨的形成

　　流星雨是在夜空中有许多的流星从天空中一个所谓的辐射点发射出来的天文现象。这些流星是宇宙中被称为流星体的碎片，在平行的轨道上运行时以极高速度投射进入地球大气层的流束。大部分的流星体都比沙粒还要小，因此几乎所有的流星体都会在大气层内被销毁，不会击中地球的表面；能够撞击到地球表面的碎片称为陨石。数量特别庞大或表现不寻常的流星雨会被称为"流星突出"或"流星暴"，每小时出现的流星会超过 1000 颗。

　　流星雨看起来像是从空中的一点中进

发并落下来。这一点或一小块天区叫作流星雨的辐射点。辐射点是一种透视效果。形成流星雨的根本原因是由于彗星的破碎而形成的。彗星主要由冰和尘埃组成。当彗星逐渐靠近太阳时冰气化，使尘埃颗粒像喷泉之水一样，被喷出母体而进入彗星轨道。但大颗粒仍保留在母彗星的周围形成尘埃彗头；小颗粒被太阳的辐射压力吹散，形成彗尾。剩余物质继续留在彗星轨道附近。然而即使是小的喷发速度，也会引起微粒公转周期的很大不同。因此，在下次彗星回归时，小颗粒将滞后母体，而大颗粒将超前于母体。当地球穿过尘埃尾轨道时，就有机会看到流星雨。流星雨活动性为彗星周期。

　　有的流星是单个出现的，在方向和时间上都很随机，也无任何辐射点可言，这种流星称为偶发流星。流星雨与偶发流星有着本质的不同，流星雨的重要特征之一是所有流星的反向延长线都相交于辐射点。流星雨的规模大不相同。有时在一小时中只出现几颗流星，但它们看起来都是从同一个辐射点"流出"的，因此也属于流星雨的范畴；有时在短短的时间里，在同一辐射点中能迸发出成千上万颗流星，就像节日中人们燃放的礼花那样壮观。当每小时出现的流星数超过 1000 颗时，称为"流星暴"。

• 流星雨的命名

　　为区别来自不同方向的流星雨，通常以流星雨辐射点所在天区的星座给流星雨命名。例如每年11月17日前后出现的流星雨辐射点在狮子座中，就被命名为狮子座流星雨。猎户座流星雨、宝瓶座流星雨、英仙座流星雨也是这样命名的。世界上最早的关于流星雨的记载是在公元前687年，中国关于天琴座流星雨的记载："夜中星陨如雨"。

　　著名的流星雨有：

狮子座流星雨

狮子座流星雨在每年的 11 月 14 至 21 日左右出现。一般来说，流星的数目大约为每小时 10~15 颗，但平均每 33~34 年狮子座流星雨会出现一次高峰期，流星数目可超过每小时数千颗。这个现象与彗星的周期有关。流星雨产生时，流星看来会像由天空上某个特定的点发射出来，这个点称为"辐射点"，由于狮子座流星雨的辐射点位于狮子座，因而得名。

双子座流星雨

双子座流星雨在每年的 12 月 13 至 14 日左右出现，最高时流量可以达到每小时 120 颗，且流量极大的持续时间比较长。双子座流星雨源自小行星 1983 TB，该小行星由 IRAS 卫星在 1983 年发现，科学家判断其可能是"燃尽"的彗星遗骸。双子座流星雨辐射点位于双子座，是著名的流星雨。

英仙座流星雨

英仙座流星雨每年固定在 7 月 17 日到 8 月 24 日这段时间出现，它不但数量多，而且几乎从来没有在夏季星空中缺席过，是最适合非专业流星观测者的流星雨，地位列全年三大周期性流星雨之首。彗星 Swift–Tuttle 是英仙座流星雨之母，1992 年该彗星通过近日点前后，英仙座流星雨大放异彩，流星数目在每小时 400 颗以上。

猎户座流星雨

猎户座流星雨有两种，辐射点在参宿四附近的流星雨一般在每年的 10 月 20 日左右出现；辐射点在 ν 附近的流星雨则发生于 10 月 15 日到 10 月 30 日，极大日在 10 月 21 日，我们常说的猎户座流星雨是后者，它是由著名的哈雷彗星造成的，哈雷彗星每 76 年就会回到太阳系的核心区，碎片散布在彗星轨道上，哈雷彗星轨道与地球轨道有两个相交点，形成了著名的猎户座流星雨和宝瓶座流星雨。

金牛座流星雨（南金牛座流星雨，北金牛座流星雨）

金牛座流星雨在每年的 10 月 25 日至 11 月 25 日左右出现，一般 11 月 8 日是其极大日，Encke 彗星轨道上的碎片形成了该流星雨，极大日时平均每小时可观测到 5 颗流星曳空而过，虽然其流量不大，但由于其周期稳定，所以也是广大天文爱好者热衷的对象之一。

天龙座流星雨

天龙座流星雨在每年的 10 月 6 日至 10 日左右出现，极大日是 10 月 8 日，该流星雨是全年三大周期性流星雨之一，最高时流量可以达到每小时 400 颗。Giacobini–Zinner 彗星是天龙座流星雨的本源。

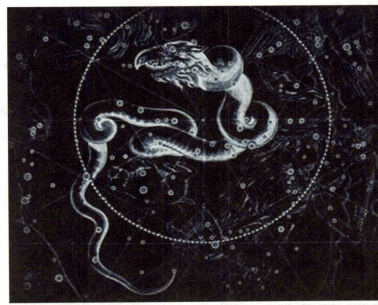

天琴座流星雨

天琴座流星雨一般出现于每年的 4 月 19 日至 23 日，通常 22 日是极大日。该流星雨是中国最早记录的流星雨，在古代典籍《春秋》中就有对其在公元前 687 年大爆发的生动记载。彗星 1861 I 的轨道碎片形成了天琴座流星雨，该流星雨作为全年三大周期性流星雨之一在天文学中也占有极其重要的地位。

• 流星雨的观测

　　流星雨是很高级的天文观测，没有望远镜不能完成，这个概念是极端错误的。观测流星雨需要有宽敞的视野，如果使用了望远镜，视场会大大减小，观测到的流星的数量会大大减少，而且看到的流星也只能看到镜头中一亮，什么都看不清，所以，要观测流星雨时最好不要使用望远镜，只须我们的双眼和晴朗黑暗的天空。其次，观测流星雨并不是想象的那样如同下雨一般，F4的专辑让许多人对流星雨产生了错误认识，其实如果观测一些流量比较小的流星雨，或者是观测流星雨的条件不佳（天空不够黑暗），几小时才看到一颗流星也是很平常的事。前文所说的流星雨都是些流量较大的著名流星雨，如果在观测的当天有着晴朗的夜空，这些流星雨的流量一般是不会令各位失望的，但无论多大的流星雨，一般而言，在1分钟内平均只能看见几颗，某些可能达到几十颗（如2001年的狮子座流星雨），而像下雨一样多的流星雨是极少的（历史上曾发生过，如1833年11月的狮子座流星雨，那是历史上最为壮观的一次大流星雨，每小时下落的流星数达35 000颗之多）。

流星雨的发现和记载，也是中国最早，《竹书纪年》中就有"夏帝癸十五年，夜中星陨如雨"的记载，最详细的记录见于《左传》："鲁庄公七年夏四月辛卯夜，恒星不见，夜中星陨如雨。"鲁庄公七年是公元前 687 年，这是世界上天琴座流星雨的最早记录。

中国古代关于流星雨的记录，大约有 180 次之多。其中天琴座流星雨记录大约有 9 次，英仙座流星雨大约 12 次，狮子座流星雨记录有 7 次。这些记录，对于研究流星群轨道的演变，也将是重要的资料。

流星雨的出现，场面相当动人。中国古记录也很精彩。试举天琴座流星雨的一次记录作例：南北朝时期刘宋孝武帝"大明五年……三月，月掩轩辕……有流星数千万，或长或短，或大或小，并西行，至晓而止。"（《宋书·天文志》）这是在公元 461 年。当然，这里的所谓"数千万"并非确数，而是"为数极多"的泛称。

流星体坠落到地面通常为陨石或陨铁或者其他金属类石头，这一事实，中国也有记载。《史记·天官书》中就有"星陨至地，则石也"的解释。到了北宋，沈括更发现陨石中有以铁为主要成分的。他在《梦溪笔谈》卷二十里就写道："治平元年，常州日禺时，天有大声如雷，乃一大星，几如月，见于东南。少时而又震一声，移着西南。又一震而坠在宜兴县民许氏园中，远近皆见，火光赫然照天，……视地中只有一窍如杯大，极深。下视之，星在其中，荧荧然，良久渐暗，尚热不可近。又久之，发其窍，深三尺余，乃得一圆石，犹热，其大如拳，一头微锐，色如铁，重亦如之。"宋英宗治平元年是公元 1064 年，沈括已经注意到陨石的成分了。

在欧洲直到 1803 年以后，人们才认识到陨石是流星体坠落到地面的残留部分。

在中国现在保存的最古年代的陨铁是四川隆川陨铁，大约是在明代陨落的，清康熙五十五年（1716）掘出，重 58.5 千克。现在保存在成都地质学院。

● 行星的保护星——卫星

卫星是环绕一颗行星按闭合轨道做周期性运行的天体。不过，如果两个天体质量相当，它们所形成的系统一般称为双行星系统，而不是一颗行星和一颗天然卫星。通常，两个天体的质量中心都处于行星之内。因此，有天文学家认为冥王星与冥卫一应该归类为双行星，但2005年发现两颗新的冥卫，又使问题复杂起来。人造卫星一般亦可称为卫星。人造卫星是由人类建造，以太空飞行载具如火箭、航天飞机等发射到太空中，像天然卫星一样环绕地球或其他行星的装置。

天然卫星 ＞

　　月球就是最明显的天然卫星的例子。在太阳系里，除水星和金星外，其他行星都有天然卫星。太阳系已知的天然卫星总数（包括构成行星环的较大的碎块）至少有160颗。天然卫星是指环绕行星运转的星球，而行星又环绕着恒星运转。就比如在太阳系中，太阳是恒星，我们地球及其他行星环绕太阳运转，月亮、土卫一、天卫一等星球则环绕着我们地球及其他行星运转，这些星球就叫作行星的天然卫星。土星的天然卫星第二多，目前已知61颗。木星的天然卫星最多，其中63颗已得到确认，至少还有6颗尚待证

实。天然卫星的大小不一，彼此差别很大。其中一些直径只有几千米大，例如，火星的两个小月亮，还有木星、土星、天王星外围的一些小卫星。还有几个却比水星还大，例如，土卫六、木卫三和木卫四，它们的直径都超过5200千米。太阳系内最大的卫星（超过3000千米）包括地球的卫星月球，木星的伽利略卫星木卫一（埃欧）、木卫二（欧罗巴）、木卫三（盖尼米德）、木卫四（卡利斯多），土星的卫星土卫六（泰坦），以及海王星捕获的卫星海卫一（特里同）。

人造卫星 ＞

随着现代科技的不断发展，人类研制出了各种人造卫星，这些人造卫星和天然卫星一样，也绕着行星（大部分是地球）运转。人造卫星的概念可能始于1870年。第一颗被正式送入轨道的人造卫星是前苏联1957年发射的人卫1号。从那时起，已有数千颗环绕地球飞行。人造卫星还被发射到环绕金星、火星和月亮的轨道上。人造卫星用于科学研究，而且在近代通讯、天气预报、地球资源探测和军事侦察等方面已成为一种不可或缺的工具。

人造地球卫星用途广、种类繁多，有太空"信使"通信卫星、太空"遥感器"地球资源卫星、太空"气象站"气象卫星、太空"向导"导航卫星、太空"间谍"侦察卫星、太空"广播员"广播卫星、太空"测绘员"测地卫星、太空"千里眼"天文卫星等，组成一个庞大的"卫星世家"。人造地球卫星具有对地球进行全方位观测的能力，其最大特点是居高临下，俯视面大。一颗运行在赤道上空轨道的卫星可以覆盖地球表面1.63亿平方千米的面积，是一架8000米高空侦察机所覆盖的面积的5600多倍。因此，对完成

通信、侦察、导航等任务来说，它具有其他手段无法比拟的优势。

人造地球卫星在军事和经济上具有重要价值，因此发展最快，数量也很大。应用卫星按用途分类，有广播、电视、电话使用的通信卫星；有观察天气变化的气象卫星；有对地面物体进行导航定位的导航定位卫星；有地球资源探测卫星、海洋卫星等。按轨道的高低来分类，有36 000千米的高轨道地球同步卫星；200～300千米的低轨道卫星（如军事侦察卫星）。也可按军用和民用卫星来划分。国际通信卫星已发展到第8代，一颗卫星的通信能力可达几万条的话路，工作寿命长达10年以上，世界上跨洋通信几乎由通信卫星所替代。现在有代表性的资源卫星有2个：一个是美国的陆地卫星，另一个是法国斯波特卫星。这两种卫星是当代国际上比较先进的地球资源卫星。它们的地面分辨目标能力分别为30米和10米。它们都有多谱段的遥感能力，具有鉴别地面上每一种目标的特别功能。

气象卫星有两种：一种是极地轨道卫星，是通过南北极轨道的卫星，轨道高度900千米，可飞经地球的每个地区，能观察到全球的云图变化。这种卫星的分辨率通常为1千米；另一种气象卫星是静止轨道卫星，它是悬在赤道上空，固定在某个地区，24小时不停地观察本地区的云图变化。世界上目前发射的4000多颗卫星中，大部分为军事卫星，这里面包括侦察卫星、导弹预警卫星、通信卫星、导航卫星和军事气象卫星。海湾战争中，美国曾动用了50颗卫星参加作战。美国的"大鸟"高分辨率侦察卫星，有两种功能：一是对地面目标进行拍照，再用回收舱以胶卷的形式送回地面；另一功能是以电视的形式将图像直接传输到地面，分辨率很高，可达1米。俄罗斯也有类似的系统，与美国的技术水平相当。

自1957年前苏联将世界第一颗人造卫星送入环地轨道以来，人类已经向浩瀚的宇宙中发射了大量的飞行器。据美国一个名为"关注科学家联盟"的组织近日公布的最新全世界卫星数据库显示，目前正在环绕地球飞行的共有795颗各类卫星，而其中一半以上属于美国，它所拥有的卫星数量已经超过了其他所有国家拥有数量的总和，达413颗，军用卫星更是达到了1/4以上。

图书在版编目（CIP）数据

听星星在唱歌 / 张玲编著. –– 北京 : 现代出版社,
2014.1

ISBN 978-7-5143-2080-0

Ⅰ.①听… Ⅱ.①张… Ⅲ.①星系 – 青年读物②星系
– 少年读物 Ⅳ.①P15–49

中国版本图书馆CIP数据核字(2014)第008805号

听星星在唱歌

作　　者	张　玲
责任编辑	王敬一
出版发行	现代出版社
地　　址	北京市安定门外安华里504号
邮政编码	100011
电　　话	(010) 64267325
传　　真	(010) 64245264
电子邮箱	xiandai@cnpitc.com.cn
网　　址	www.modernpress.com.cn
印　　刷	汇昌印刷（天津）有限公司
开　　本	710 × 1000　1/16
印　　张	9
版　　次	2014年1月第1版　2021年3月第3次印刷
书　　号	ISBN　978-7-5143-2080-0
定　　价	29.80元